모바일
지도

여행 가이드북 〈지금, 시리즈〉에 수록된 관광 명소들이
구글 맵 속으로 쏙 들어갔다.

http://map.nexusbook.com/now/

**" 지금 QR 코드를 스캔하면
여행이 훨씬 더 가벼워진다. "**

플래닝북스에서 제공하는 모바일 지도 서비스는
구글 맵을 연동하여 서비스를 제공합니다.
구글을 서비스하지 않는 지역에서는 사용이 제한될 수 있습니다.

지도 서비스 사용 방법

QR 코드를 스캔 후
정보가 필요한
지역을 클릭!

← 지금, 도쿄

1 지역 목록 보기

2 관광 명소 목록 보기

신주쿠

3 친구와 지도 공유하기

4 지도 전체 화면

구글 지도앱 보기

5 구글 지도 앱으로 연동하여
지도 서비스 이용하기

MY TRAVEL PLAN

✗

Day 1

Day 2

Day 3

Day 4

Day 5

TRAVEL PACKING CHECKLIST

Item	Check	Item	Check
여권	■		■
항공권	■		■
여권 복사본	■		■
여권 사진	■		■
호텔 바우처	■		■
현금, 신용카드	■		■
여행자 보험	■		■
필기도구	■		■
세면도구	■		■
화장품	■		■
상비약	■		■
휴지, 물티슈	■		■
수건	■		■
카메라	■		■
전원 콘센트 · 변환 플러그	■		■
일회용 팩	■		■
주머니	■		■
우산	■		■
기타	■		■

지금, 도쿄

지금, 도쿄

지은이 신연수
펴낸이 임상진
펴낸곳 (주)넥서스

초판 1쇄 발행 2016년 5월 10일
초판 7쇄 발행 2017년 7월 20일

2판 1쇄 발행 2018년 9월 25일
2판 2쇄 발행 2018년 9월 30일

3판 1쇄 인쇄 2023년 4월 15일
3판 1쇄 발행 2023년 4월 25일

출판신고 1992년 4월 3일 제311-2002-2호
주소 10880 경기도 파주시 지목로 5(신촌동)
전화 (02)330-5500 팩스 (02)330-5555

ISBN 979-11-6683-503-2 13980

www.nexusbook.com

01

Now

Tokyo

신연수 지음

2019년 발생한 코로나19 팬데믹으로 인해 2020년부터 햇수로 무려 3년 동안 일본 여행이 막혀 있었다. 그 길고 긴 기다림 끝에 일본으로의 여행길이 열리자마자 바로 도쿄로 향했다.

예상했던 대로 3년 동안 도쿄에는 많은 변화가 있었다. 올림픽이 개최되었던 흔적이 곳곳에 남아 있었고, 도쿄의 중심지 시부야는 대규모 재개발로 지도를 다시 그려야 할 만큼 바뀌었다. 코로나 기간에 건설된 새로운 관광 명소들이 모습을 드러냈고 꾸준히 이어진 한류의 영향은 더욱 커져 있었다. 하지만 예전에 한국 여행자들에게 많은 사랑을 받았던 여행 스폿과 음식점들이 폐업하면서 사라져 버린 안타까운 상황도 보았다.

비록 많은 곳이 바뀌었어도 도쿄만이 가진 매력은 여전히 남아 있다. 신주쿠와 시부야를 비롯한 도쿄 곳곳에 고층의 복합 쇼핑 빌딩이 들어서고 있는 와중에도 여전히 전차가 도심지를 달리고 있다. 스미다강과 나카메구로, 우에노 공원의 벚꽃은 예전처럼 눈부시고, 가을 단풍과 겨울 일루미네이션도 변함없이 아름답다.

〈지금, 도쿄〉 개정판은 코로나 시기 이후에 바뀐 도쿄의 여행 정보를 최대한 담기 위해 노력한 결과이다. 도쿄에 워낙 많은 변화가 있었기에 책을 다시 만들다시피 했고, 기존에 수록되었던 여행 명소들에서 영역을 더욱 확장시켜 도쿄의 최신 핫플레이스를 담았다. 부디 이번 개정판이 다시 시작된 도쿄 여행에서 유익한 도구가 되었으면 한다.

개정판을 만들어 가는 과정에서 많은 노력을 기울여 주신 넥서스 출판사의 권근희 님, 도쿄 현지에서 여행지 선정과 조언에 많은 도움을 노인우 님, 그리고 여행사 민사이의 대표 정창훈 님께 깊은 감사를 전한다.

신연수

미리 떠나는 여행 **1부. 프리뷰 도쿄**

여행을 떠나기 전에 그곳이 어떤 곳인지 살펴보면 더 많은 것을 경험할 수 있다. 도쿄 여행을 더욱 알차게 준비할 수 있도록 필요한 기본 정보를 전달한다.

01. 인포그래픽에서는 한눈에 도쿄의 기본 정보를 익힐 수 있도록 그림으로 정리했다. 언어, 시차 등 알면 여행에 도움이 될 간단한 정보들을 담았다.

02. 기본 정보에서는 여행을 떠나기 전 도쿄에 대한 기본 공부를 할 수 있다. 알아 두면 여행이 더욱 재미있어지는 도쿄의 역사와 문화, 날씨, 휴일, 각 구역별 여행 포인트 등 흥미로운 읽을거리를 담았다.

03. 트래블 버킷 리스트에서는 후회 없는 도쿄 여행을 위한 핵심을 분야별로 선별해 소개한다. 먹고 즐기고 쇼핑하기에 좋은 다양한 버킷 리스트를 제시해 더욱 현명한 여행이 될 수 있도록 안내한다.

지도에서 사용된 아이콘

- 🚉 기차역
- 🚇 마루노우치선
- 🔵 도에이선
- 🈂️ 출구
- 📷 관광 명소
- 🏬 쇼핑몰
- ☕ 카페
- 🍴 식당
- 🏨 호텔
- ➕ 거리
- 🏛️ 박물관·미술관
- ⊗ 경찰서
- ¥ 은행
- 卍 절
- 🌲 공원
- ✉️ 우체국
- 🎓 학교
- 🏪 편의점

알고 떠나는 여행 2부. 곤니치와 도쿄

여행 준비부터 구체적인 여행지 정보까지 본격적으로 여행을 떠나기 위해 필요한 정보들을 담았다. 자신의 스타일에 맞는 여행을 계획할 수 있다.

01. HOW TO GO 도쿄에서는 여행 전에 마지막으로 체크해야 할 리스트를 제시하여 완벽한 여행 준비를 도와준다. 인천 국제공항에서 나리타 공항 또는 하네다 공항까지의 출입국 과정과 주의해야 할 사항, 도쿄의 교통 정보까지 제공하고 있다. 알고 있으면 여행이 편해지는 베테랑 여행가의 팁도 알차게 담았다.

02. 추천 코스에서는 몸과 마음이 가벼운 여행이 될 수 있도록 최적의 도쿄 여행 코스를 소개한다. 도쿄 여행 전문가가 동행과 여행 스타일을 고려한 다양한 코스를 짰다. 한 권의 책으로 열 명의 가이드 부럽지 않은, 만족도 높은 여행이 될 것이다.

03. 지역 여행에서는 본격적인 도쿄 여행이 시작된다. 지역별로 관광, 식당, 카페, 쇼핑 등 놓쳐서는 안 될 포인트들을 최신 정보로 자세하게 설명하고 있어 여행 시 찾아보기 유용하다. 아무런 계획이 없어도 〈지금, 도쿄〉만 있다면 지금 당장 떠나도 문제없다.

04. 추천 숙소에서는 최고의 서비스를 자랑하는 호텔부터 가성비가 좋은 호스텔과 게스트 하우스까지 도쿄의 다양한 숙소를 소개한다. 또한 숙소를 잡을 때 필요한 팁까지 알려 주어 후회 없는 숙소 선택을 도와준다.

지도 보기 각 지역의 주요 관광지와 맛집, 상점 등을 표시해 두었다. 또한 종이 지도의 한계를 넘어서, 디지털의 편리함을 이용하고자 하는 사람은 해당 지도 옆 QR코드를 활용해 보자. 구글 맵 어플로 연동되어 스마트하게 여행을 즐길 수 있다.

여행 회화 활용하기 여행을 하면서 그 지역의 언어를 해보는 것도 색다른 경험이다. 여행지에서 최소한 필요한 회화들을 모았다.

contents

프리뷰
도쿄

곤니치와
도쿄

프리뷰
PREVIEW
도   쿄

こんにちは [곤니치와]

TOKYO

Japan
- 국호 일본국 Japan
- 수도 도쿄 Tokyo
- 면적 37만 7,975km^2
- 인구 1억 2,421만 명(2022년 기준)
- 종교 신도(神道), 불교, 기독교 외
- 정치 입헌군주제, 의원내각제
- 언어 일본어

위치
일본 혼슈섬 동부

면적 서울의 약 3.5배
약 2,194km^2

인구(2022년 기준)
약 1404만 명

종교
신도(神道), 불교, 기독교

통화
엔화 ¥

언어
일본어

시차
한국과 시차가 없음

비행 시간(직항 기준)
인천-도쿄 2시간 30분

전압 컨버터(돼지코) 필요
100v(110v 이용 가능), 50~60Hz

비자
90일까지 무비자

국제전화
심(SIM)카드로 전화 시 +81-3 없이 로컬 번호로만
국가번호 81, 지역번호 3

TOKYO

기 본 정 보

여행지에 대해 알고 떠나면 여
행이 더 알차고 즐거워진다. 날
씨, 여행 포인트 등 도쿄에 대해
알아본다.

도쿄
역사

도쿠가와 이에야스가 처음 에도(오늘날의 도쿄)를 건설할 당시, 지금의 도쿄역이나 히비야 지역은 바다였다. 오늘날의 간다 지역에 있던 산을 깎아 바다(당시 히비야만)를 메워 에도를 확장했다고 한다. 에도 시대의 도쿄는 18세기에 거주 인구가 백만 명에 이르러 세계적으로도 손꼽힐 만한 대도시가 되었고, 메이지 유신 이후 서양 문물이 쏟아져 들어와 근대적인 도시로 발전했다. 하지만 1945년 3월 태평양 전쟁 말기 도쿄 대공습으로 인해 대부분의 지

역이 파괴되어 오늘날의 도쿄에서는 에도 시대의 흔적을 찾아보기가 힘들다.

오늘날의 도쿄도는 23개의 특별구와 26개의 시市, 5개의 정町 그리고 8개의 촌村으로 구성된 광역자치단체이며, 인구는 약 1,404만 명(2022년 기준), 면적은 약 2,189km², 기후는 대체적으로 온난하다. 행정 구역은 23개 특별구와 26시, 3정, 1촌으로 구성된 길쭉한 육지부와 도쿄만東京灣 남쪽 해상에 흩어져 있는 이즈 제도와 오가사와라 제도 등(2정町, 7촌村)으로 이루어져 있다. 여행지로서의 도쿄는 매우 매력적인 도시로, 특히 여성 여행자에게 가장 알맞은 곳이다. 초현대식 건물들이 들어서 있는 신주쿠, 롯폰기, 에비스 지역과 새로운 유형의 패션과 쇼핑을 언제든지 즐길 수 있는 시부야, 하라주쿠, 예쁜 잡화와 카페, 달콤한 케이크와 음식 등이 넘치는 나카메구로, 지유가오카, 옛 도쿄의 모습을 엿볼 수 있는 야네센 등 과거와 현재 그리고 미래의 모습이 어우러져 있어, 멋과 맛을 동시에 즐길 수 있는 곳들이 넘쳐난다.

도쿄
날씨

시기적으로 4~5월 하순까지와 10월 중순까지 도쿄 여행을 떠나기에 적절하다. 단, 항공권과 숙박료가 치솟는 5월 초 골든위크는 피하는 것이 좋다. 6월부터는 장마가 시작되고, 7~9월은 습도가 높은 더위와 태풍이 잦으니 이 시기에는 여행을 피하는 것이 좋다.

봄(3~5월)
초봄에는 여전히 두꺼운 외투가 필요할 정도로 추운 날도 있지만, 싱그러운 5월이면 낮 동안에 반팔 차림으로 다녀도 괜찮을 정도로 따뜻한 날씨가 된다. 아침저녁으로 쌀쌀하지만 대체적으로 온난한 날이 많기 때문에 여행하기에 좋고, 습도가 낮은 맑은 날에는 관광지에 많은 여행자로 북적인다.

여름(6~8월)
6월 하순부터 7월 중순까지는 장마철이라 비가 자주 내리고 습도도 높다. 장마가 지난 7~8월에는 기온이 30~35℃ 이상 올라가는 찜통더위가 지속된다. 8월에는 밤이 되어도 기온이 25℃ 이하로 내려가지 않는 열대야가 많아 잠을 설치는 경우도 많으니 여행 시기에 참고하자.

가을(9~11월)
9월에도 낮 동안은 30℃를 넘는 날씨며, 10월이 되어도 가끔 태풍이 온다. 그래도 곧 서서히 기온과 습도가 내려가 '아키바레'(맑은 가을 하늘)라고 불리는 쾌적한 날씨가 이어진다. 오쿠타마 지역에서는 10월 하순부터 단풍 시즌이 시작되니 여행 시기에 참고하자.

겨울(12~2월)
기온이 낮아지고 도심에서는 가끔 눈이 내리는 시기다. 낮도 매우 짧아져 일몰 시각이 오후 4시 반~5시 반 정도다. 한편 오가사와라 제도는 한겨울에도 20℃ 전후로 온난하지만, 같은 시기에 오쿠타마 지역에서는 눈이 내려 쌓이는 등 같은 도쿄지만 지역에 따라 크게 날씨 차이를 보이는 시기이다.

도쿄 휴일

일본에서 제정하는 공휴일은 총 16일로 모두 양력으로 쉬며, 일요일과 겹칠 경우 다음 날에 쉬는 대체 공휴일 제도를 운영하고 있다. 일본의 골든 위크는 4월 29일(쇼와의 날)부터 5월 3일(헌법 기념일), 5월 4일(녹색의 날), 5월 5일(어린이날), 5월 6일(대체 휴무일)까지 연휴가 이어지는 주간이며 회사 사정에 따라 8~10일간 쉴 수 있도록 하는 연휴를 말한다. 이 외에도 12월 28일부터 1월 3일까지 대부분의 회사가 휴일이다.

날짜	명칭	날짜	명칭
1월 1일	신년 휴일	5월 5일	어린이날
1월 둘째 주 월요일	성년의 날	7월 셋째 주 월요일	바다의 날
2월 11일	건국 기념일	8월 11일	산의 날
2월 23일	일왕 탄신일	9월 셋째 주 월요일	경로의 날
3월 21일	춘분	9월 23일	추분
4월 29일	쇼와의 날	10월 둘째 주 월요일	체육인의 날
5월 3일	헌법 기념일	11월 3일	문화의 날
5월 4일	녹색의 날	11월 23일	근로자의 날

도쿄
여행 포인트

미타카

① 신주쿠

도쿄 최대의 번화가이자 거대도시 도쿄의 축소판 같은 곳이다. 신주쿠역을 중심으로 하여 고층 빌딩과 대형 쇼핑몰, 그리고 가부키초 같은 유흥가가 모여 있어 도쿄 관광의 필수 코스이다.

② 하라주쿠

하라주쿠는 젊은이들이 모여드는 패션과 문화의 중심지다. 스트리트 패션을 선도하는 다케시타 거리와 코스프레 성지인 진구바시가 하라주쿠를 상징하는 풍경이다.

③ 시부야

도쿄 3대 부도심 중 하나로, 도쿄의 유행을 선도하는 문화 중심지이다. 하라주쿠에서 이어지는 쇼핑 거리와 함께 영화관, 클럽 등이 밀집해 있으며, 젊은 문화의 발상지로서의 기능도 톡톡히 하고 있다.

④ 롯폰기

롯폰기 힐즈, 도쿄 미드타운 같은 거대한 복합 시설에서 쇼핑과 음식을 즐길 수 있고, 미술관 등의 문화 시설도 갖춰져 있다. 최첨단의 세련된 도쿄와 고색창연한 도쿄를 동시에 즐길 수 있는 곳이다.

⑤ 긴자

100년 이상의 역사를 지닌 유명 백화점과 해외 고급 브랜드의 매장이 줄지어 있는 럭셔리 상점가다. 패션과 쇼핑 외에도 가부키자와 200여 개의 갤러리가 모여 있어 예술과 문화의 중심지로 불린다.

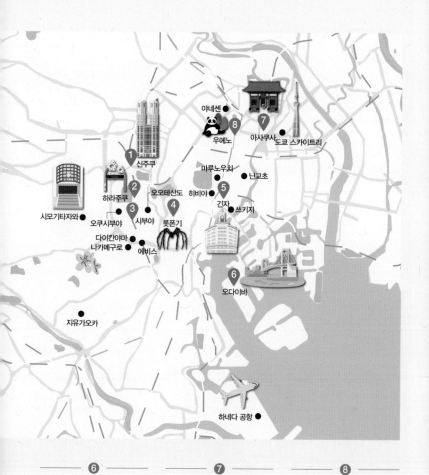

신주쿠 **1**

하라주쿠 **2**

오쿠시부야 **3**

시모기타자와

다이칸야마
나카메구로

에비스

시부야

오모테산도

히비야

롯폰기 **4**

야네센

우에노 **8**

마루노우치

긴자

7 아사쿠사 도쿄 스카이트리

닌교초

5

쓰키지

6
오다이바

지유가오카

하네다 공항

TOKYO

트 래 블
버 킷 리 스 트

어디나 그 지역을 대표하는 것
들이 있다. 볼거리, 즐길 거리,
먹거리 등 도쿄에서 놓치면 안
되는 것들을 쏙쏙 뽑았다.

도쿄
벚꽃 명소

겨울의 매서운 추위가 물러가고, 봄을 기다린 분홍색 꽃봉오리가 모습을 드러내면 일본인들이 가장 사랑하는 봄의 대명사, 벚꽃의 계절이 찾아온다. 벚꽃을 즐길 수 있는 기간은 2주일 남짓. 이 기간에는 너도나도 꽃놀이를 즐기기 위해 벚꽃 명소로 주야를 불문하고 꽃놀이객이 모여든다. 이렇게 도쿄가 벚꽃으로 물들 무렵, 사람들의 마음도 따뜻한 봄을 맞아 한결 따뜻해진다.

신주쿠교엔

신주쿠교엔에는 약 65종 1,300그루의 벚나무가 있기 때문에 2월의 '간자쿠라 寒桜'부터 4월 하순의 '가스미자쿠라'까지 오랫동안 즐길 수 있다. 일반적인 벚꽃 시즌은 왕벚꽃이 절정을 이루는 3월 하순부터 4월 초순까지이지만, 신주쿠교엔의 절정은 4월 하순까지 계속된다. 새하얀 종이에 엷은 연지를 한 방울 떨어뜨린 것 같은 연한 핑크색이 아름다운 벚꽃 '이치요' 등 매력적인 '천엽 벚나무'를 즐기려면 4월 중순이 가장 좋다. 공원 내에 주류는 반입 금지고, 놀이 도구는 사용 금지니 참고하자.

우에노 공원

에도 시대(1603~1868)부터 벚꽃 명소로 널리 알려진 곳이다. 지금의 우에노에 있던 간에이지가 창건된 후 벚꽃을 좋아했던 덴카이 스님이 요시노산으로부터 이식한 것을 시작이라 알려져 있다. 공원 안에는 왕벚나무와 산벚나무 등 약 1,000그루의 벚나무가 심어져 있고, 약 300m의 벚나무 가로수가 있다. 3월 하순부터 4월 초순까지 이 기간 맞춰 매년 벚꽃 축제 열려 다양한 행사가 개최된다.

스미다강

스미다강의 아즈마 다리_{吾妻橋}와 사쿠라 다리_{桜橋} 사이의 구간은 에도 시대부터 벚꽃 명소로 오랜 세월에 걸쳐 사람들의 사랑을 받아왔다. 에도 막부의 제8대 쇼군 도쿠가와 요시무네가 에도(도쿄의 옛 이름) 서민들도 즐길 수 있게 벚나무를 심은 것이 그 시작이다. 스미다 공원에서는 스미다강을 사이에 끼고 다이토 구 쪽과 스미다 구 쪽 모두에서 만개한 왕벚꽃을 볼 수 있다. 스미다 공원 양쪽 강변의 벚나무를 합하면 1,000그루 이상 된다. 3월 하순 무렵부터 4월 초순까지는 다이토 구의 '스미다 공원 벚꽃 축제'와 스미다 구의 '보쿠테이 벚꽃 축제'가 개최된다.

쇼와 기념 공원

광대한 부지를 자랑하는 쇼와 기념 공원에서는 봄이 되면 31품종 약 1,500그루의 벚나무에서 꽃이 핀다. 특히 공원 중앙의 '민나노 하랏파(모두의 들판)'와 공원 북쪽의 '사쿠라노 소노(벚꽃 동산)'에 약 200그루의 왕벚나무가 모여 있어 환상적인 벚꽃 놀이를 즐길 수 있다. 게다가 이 시기에 절정을 맞는 튤립 등 다른 꽃도 함께 즐길 수 있는 것이 쇼와 기념 공원의 특징이다.

도쿄 미드타운

도쿄 미드타운에는 왕벚나무를 비롯한 약 105그루의 벚나무가 있고, 인접한 히노키초 공원의 벚나무(44그루)도 감상할 수 있다. 사쿠라 거리에서는 밤이 되면 환상적인 도시의 벚꽃을 즐길 수 있다. 개화 전에도 핑크빛 조명을 받아 마치 벚꽃이 피어 있는 듯한 느낌을 준다. 개화 후에는 흰색 조명을 사용해 환상적인 벚꽃 풍경을 연출한다.

치도리가후치

도쿄 내부 수로 중 하나인 치도리가후치 수로 주변에 피어나는 벚꽃은 도쿄의 벚꽃 명소 중에서도 가장 아름다운 풍경으로 꼽는다.

도쿄
일루미네이션 명소

12월의 겨울 밤, 추위를 잊게 하는 아름다운 광경이 있으니 그것은 바로 도쿄의 밤을 장식하는 크리스마스 일루미네이션이다. 도쿄 여러 곳에서 11월 초부터 12월 말까지 크리스마스 분위기를 한껏 북돋아 주는 일루미네이션이 점등된다. 빌딩과 가로수에 알록달록 빛나는 일루미네이션 명소를 걸어 보는 것도 그 시기에 여행을 갔다면 꼭 즐겨야 할 나이트 스폿이다.

도쿄 미드타운
약 52만 개의 LED가 도쿄 미드타운의 겨울을 밝히고, 음악과 함께 빛의 공연이 펼쳐진다.

신주쿠 테라스 시티

총 길이 888m의 신주쿠 테라스 시티는 약 300개의 글로브(globe)와 23.5만 개의 LED라이트가 밝히는 8색의 마카롱 색상과 금빛으로 화려하게 물든다. 거리와 수목을 장식하는 환상적인 일루미네이션이 낭만적인 풍경을 연출한다.

카렛타 일루미네이션

도쿄 일루미네이션 중 가장 아름다운 '아주르(파랑)'의 세계를 선보인다. 약 27만 구의 LED가 불을 밝히는 타워 트리와 빛의 벽을 조성해 보는 사람을 매혹시킨다.

도쿄
야경 명소

거대도시 도쿄에는 도쿄뿐 아니라 간토 수도권 지역 전체를 바라볼 수 있는 인기 절정의 타워가 있어 일정이 된다면 도쿄의 야경을 즐기는 것도 좋은 추억이 된다. 또한 많이 알려지지는 않았지만 무료 전망대 등도 있으니 미리 확인하고 가 보자.

도쿄 텔레콤센터 전망대

도쿄 게이트 브리지(Tokyo Gate Bridge)나 레인보우 브리지 너머의 도쿄 타워 등의 경치를 한눈에 바라볼 수 있는 조용하고 널찍한 전망대다. 오다이바, 아오미 지역에 위치한 개선문을 닮은 텔레콤센터 건물 21층에 위치해 있고, 그 높이가 99m다. 창문 쪽에 있는 테이블 좌석을 이용하면 '일본 야경 유산'에도 꼽힌 아름다운 야경을 편안하게 즐길 수 있다.

세계무역센터 40층 전망대 시사이드 톱

지상 152m의 세계무역센터빌딩 최상층에 있는 전망대에서 360도의 도쿄 파노라마를 즐길 수 있다. 도쿄 타워와 도쿄 스카이트리, 오다이바 등 도쿄의 주요 랜드마크를 볼 수 있고, 맑은 날에는 후지산도 볼 수 있다. 둘레가 200m인 전망대는 모든 방위에 소파가 설치돼 있어 여유롭게 경치를 즐길 수 있다. 도쿄 스카이트리와 같이 붐비는 곳을 피해 한가롭고 아름다운 야경을 볼 수 있는 곳으로도 인기가 높아 연인들이 데이트하기에도 좋다.

분쿄 시빅 센터 전망 라운지

분쿄 구청 내에 있는 지상 105m의 전망대. 이케부쿠로와 신주쿠 등의 조망을 무료로 즐길 수 있다. 야경이 아름답게 보이도록 전망대 시설을 갖추어서 꽤 인기 있는 장소다.

도쿄
가든 투어 명소

도심의 오아시스인 일본 정원은 연못을 둘러싸고 있는 정원석, 꽃, 초목 그리고 다실이 배치돼 있어 사계절 각기 다른 표정을 볼 수 있다. 시내 구경을 하다가 들러 일본 정원의 아름다운 풍경을 바라보며 차 한잔의 여유를 즐기는 건 어떨까?

하마리큐 정원

1945년에 도쿄도에 이관돼 1946년 4월 일반인에게 공개되면서 알려지기 시작한 하마리큐 정원은 11대 장군 이에나리 시대에 현재의 모습으로 완성됐다고 한다. 메이지유신 후에는 황실의 별궁이 되어 명칭을 '하마리큐'로 변경됐다고 한다. 과거 에도 시대에는 에도 성의 '외성'으로 도쿠가와 장군가의 정원이기도 했다.

구 시바리큐 정원

에도 시대 초기 양식의 다이묘 정원 중 하나인 구 시바리큐 정원은 도쿄에서 몇 안 남은 곳 중 하나다. 연못을 중심으로 주변을 산책할 수 있도록 꾸며진 것이 특징이며 정원 구획과 정원석의 배치가 매우 뛰어나다.

기요스미 정원

나무와 흐르는 물, 연못이 있는 임천 회유식 정원이다. 이는 에도 시대 다이묘 정원에서 활용됐던 방법이지만 메이지 시대에도 계승돼 기요스미 정원에 의해 근대적으로 완성됐다고 전해지고 있다.

도쿄
쇼핑 핫플레이스

도쿄는 유행을 앞서가는 핫한 패션 아이템은 물론 화장품, 저렴하고 다양한 아이디어 상품, 전자제품, 전통 공예품까지 다양한 것들을 구매할 수 있는 세계적으로 유명한 쇼핑의 중심지다. 신주쿠를 비롯한 주요 관광지는 각 지역마다 서로 다른 특징을 지니고 있어 원하는 쇼핑 테마에 따라 쇼핑을 즐길 수 있다.

긴자 식스

도쿄의 럭셔리 쇼핑가인 긴자에서도 대표적인 랜드마크라고 할 수 있다. 200여 종의 유명 브랜드 매장이 모여 있을 뿐만 아니라 해외 유명 음식점과 카페도 입점해 있어 관광객들에게 인기가 높다. 아트 서적에 특화된 쓰타야 서점과 옥상 정원에서 보는 도쿄 뷰도 놓칠 수 없다.

다카시마야 타임스 스퀘어

패션에서 식료품까지 유행 아이템이 가득한 최첨단 백화점이다. 스테디셀러 상품뿐만 아니라 고층엔 가족 단위 손님이 찾는 유명한 레스토랑이 있고, 지하에는 국내외 인기 파티시에의 케이크 셀렉트숍 '파티세리아(Patissieria)'가 있다. 이곳의 케이크를 포장해서 맛보는 달콤함 또한 쇼핑의 즐거움 중 하나다.

큐트큐브 하라주쿠

귀여운 문화의 발신지로서 전 세계의 주
목을 받는 하라주쿠 다케시타 거리 한가
운데에 위치한 큐트큐브는 귀여운 물건
과 마음을 설레게 하는 아이템이 있어
젊은 여성들이 많이 찾는 곳이다.

오크 오모테산도

패션 스트리트 오모테산도의 새로운 랜드마크에 어
울리게 일류 브랜드와 카페가 들어선, 예술과 환경
이 융합된 상업 시설이다. 최첨단 기술과 일본의 전
통 디자인이 어우러진 건축의 아름다움을 느낄 수
있다.

시부야 히카리에

히카리에(Hikarie)는 시부야의 최신 랜드마
크다. 이 복합 쇼핑몰에 입점해 있는 200개 이
상의 상점에는 패션 용품, 화장품, 독특한 선
물 용품, 식료품 등을 판매하고 있다. 8층 문
화 구역에는 'd47 디자인 트래블 스토어(d47
design travel store)'와 같은 일본 각지의 멋
진 상품을 판매하는 미술관과 상점이 있다. 시
부야역과 바로 연결돼 있어 편리하다.

미쓰코시 백화점

긴자의 중심부에 위치한 긴자 최대 규모의 전통 있는 백화점이다. 도쿄의 패션 브랜드와 유명 코스메틱 브
랜드를 다양하게 갖추고 있으며, 베이커리 매장에는 미쓰코시 한정 상품도 판매하고 있어 선물을 준비하는
여행자에게 좋다. 외국인을 위한 서비스도 준비돼 있으니 참고하자.

도쿄
미식 여행

도쿄는 미쉐린(미슐랭)이 출판하는 레스토랑과 숙박 시설 가이드북 《미쉐린 가이드 도쿄·요코하마·쇼난》에 최고 평가점인 별 3개를 받은 상점 및 시설이 14곳, 별 2개와 별 1개까지 합치면 242곳의 상점과 시설이 게재돼 있을 정도로 세계적인 음식 도시다. 전통 음식부터 디저트까지 풍부하고 다채로운 도쿄의 맛을 즐겨 보자.

다카노 후르츠 팔러
일본 각지의 고급 과일을 사용한 파르페와 스위츠를 맛볼 수 있는 도쿄의 후르츠 팔러. 신선한 제철 과일을 맛있게 즐길 수 있다.

긴자 쇼콜라 스트리트
스위츠 상점이 모여 있는 긴자에서 주목을 끄는 서쪽 5번가 거리의 긴자 쇼콜라 스트리트다. 유럽의 고급 초콜릿 점포들이 대거 집결해 계절마다 한정 상품을 선보인다.

도쿄 라멘 스트리트

유명 라멘점이 집결한 도쿄역 야에스 남쪽 출구 지하 1층의 '도쿄 라멘 스트리트'다. '일주일 내내 다녀도 질리지 않는다'를 콘셉트로 다채로운 메뉴를 제공하고 있다.

몬자야키

밀가루 반죽 위에 양배추와 원하는 식재료를 올려 철판 위에서 굽는 몬자야키. 몬자 스트리트에는 약 60개 점포가 집결해 있어, 어패류를 비롯해 에스닉 스타일에 이르기까지 다양한 맛의 몬자야키를 즐길 수 있다.

스시

이미 세계적으로 유명해진 스시. 신선한 제철 해산물을 골고루 맛볼 수 있는 스시와 초밥 위에 다양한 생선회를 올린 지라시즈시(회덮밥) 등이 있다.

도쿄
대표 마쓰리

웅장한 축제, 우아한 축제, 화려한 축제 등 일본에는 사계절 내내 다양한 축제가 전국 곳곳에서 펼쳐진다. 신도神道나 불교에서 유래하는 축제를 비롯해 여름의 불꽃놀이 축제, 민요춤, 겨울의 눈 축제 그리고 주민의 레크리에이션이나 목적에 따른 이벤트에 이르기까지, 마쓰리(축제)가 거의 매달 열리곤 한다.

산자 마쓰리 三社祭

아사쿠사 신사에서 열리는 산자 마쓰리는 매년 5월 셋째 주 금, 토, 일에 거행된다. 100여 대의 미코시(마쓰리에 쓰는 신위를 모신 가마)가 거리를 지나면서 축제 분위기를 조성한다. 약 200만 명이 관람하는 대규모 축제다.

간다 마쓰리 神田祭

5월 14~15일에 간다 신사에서 행해지는 축제로, 도쿠가와 이에야스의 세키가하라 전투의 승리를 기념한 축제가 그 기원이다. 12대의 미코시를 메고 신사 주변을 행진한다.

산노 마쓰리 山王祭

아카사카의 히에 신사에서 6월에 열리는 축제다. 옛날 에도 시대 때는 미코시와 수레의 궁 안 출입이 허가돼 3대 쇼군 도쿠가와 이에미쓰 이후의 역대 쇼군들이 찾아가 배례했다고 하는 '천하 축제'로서 성대하게 거행됐다. 11일의 축제 기간 내내 다른 행사가 열리기 때문에 매일같이 구경해도 질리지 않는다.

그 밖의 도쿄 축제

명칭	시기	장소
분쿄 매화 축제	2월 8일 ~ 3월 8일	유시마 덴만구
우에노 벚꽃 축제	3월 19일 ~ 4월 10일	우에노 공원
메이지 신궁 봄의 대제	4월 29일 ~ 5월 3일	메이지 신궁
도쿄 미나토 축제	5월 하순	하루미 여객선 터미널
우에노 여름 축제	7월 중순 ~ 8월 중순	우에노 공원
가쿠라자카 마쓰리	7월 중순	사쿠라바시 하류 고토토이바시
스미다강 불꽃놀이	7월 중순 ~ 7월 하순	가쿠라자카 잇초메 가쿠라자카도리
고가네이 아와오도리	7월 하순	JR선 무사시코가네이역 북쪽 출구
훗사 칠석 축제	8월 상순	훗사역 서쪽 출구
아사가야 칠석 축제	8월 상순	아사가야 펄 센터 등 10개 상점가
후카가와 하치만 축제	8월 15일	도미오카 하치만구 신사 주변
메이지 신궁 봉납 하라주쿠 오모테산도 겐키 마쓰리 슈퍼 요사코이	8월 하순	하라주쿠 오모테산도, 요요기 주변
히비야 공원 '마루노우치 온도' 본오도리 춤 대회	8월 하순	히비야 공원 대분수 주변 특설회장 및 제2 화단 잔디 광장
아사쿠사 삼바 카니발 퍼레이드 콘테스트	8월 하순	우마미치도리 가미나리몬도리
도쿄 요사코이(후쿠로 축제)	10월 중순	이케부쿠로역 서쪽 출구 앞 특설회장 등 이케부쿠로역 주변

곤니치와

KONNICHIWA

도   쿄

HOW TO GO

도   쿄

항공권 구입, 환전, 공항 출입국, 현지 상황 등 여행을 떠나려면 체크해야 할 것들이 많다. 준비부터 여행이 끝날 때까지 도쿄 여행에서 알아야 할 것들을 꼼꼼히 안내한다.

여행 전
체크 리스트

여권 만들기

일반인의 경우 여권 발급 신청서, 여권용 사진 1매(6개월 이내에 촬영한 사진. 단, 전자 여권이 아닌 경우 2매), 신분증, 남성일 경우 병역 관계 서류(25~37세 병역 미필 남성: 국외 여행 허가서/ 18~24세 병역 미필 남성: 필요 서류 없음/ 기타 18~37세 남성: 주민등록초본 또는 병적 증명서), 가족 관계 기록 사항에 관한 증명서를 가지고 전국 여권 발급 대행 기관에 직접 방문해서 신청하면 된다.

여권 신청 안내 www.passport.go.kr

항공권 예매

현재 한국과 도쿄를 정기편으로 연결하는 항공 회사는 대한항공, 아시아나, 제주항공, 티웨이항공 등의 국적 항공사와 JAL, ANA가 있다. 국적 항공사 중 대한항공과 아시아나를 제외한 저가 항공사들은 일정 시기마다 할인 마켓을 연다. 이때 구입하면 비교적 저렴한 항공권을 구입할 수 있다.

홈페이지 www.tokyo-airport-bldg.co.jp

항공사	홈페이지
대한항공	kr.koreanair.com
아시아나항공	flyasiana.com
제주항공	www.jejuair.net
티웨이항공	www.twayair.com
JAL일본항공	www.kr.jal.com
전일본공수(ANA)	www.ana.co.jp
진에어	www.jinair.com

• 김포-하네다 공항편

김포-하네다 공항편을 이용하면 시간적 이익을 얻을 수 있다. 하네다 공항은 도쿄 도심과 가까운 지역에 있어 시내 접근성이 좋기 때문이다. 공항에서 하마마쓰초역까지 모노레일로 13분이면 갈 수 있다. 효율적인 시간 배분이 중요한 2박 3일 일정의 여행일 경우 김포-하네다 공항편을 이용하는 것이 좋다.

• 인천-나리타 공항편

인천-나리타 공항편은 면세점을 이용해야 하는 경우나 항공료를 줄이고 싶은 경우 그리고 시간적인 여유가 있는 경우에 이용하는 것이 좋다. 인천-나리타 항공편은 대한항공을 비롯하여 제주항공 등 저가 항공사까지 모두 운행하고 있다.

환전

일본은 엔화를 사용한다. 환전은 여행 전에 주거래 은행을 통해서 하는 것이 좋다. 인터넷 환전은 은행보다 더 좋은 우대를 받을 수 있으며, 인천국제공항에서 환전하는 것이 가장 손해라는 것을 잊지 말아야 한다.

여행자 보험

여행자 보험은 반드시 가입해야 한다. 현지에서 도난 등의 피해를 당했다면 현지 경찰서에서 조사를 받고 한국으로 돌아와 보험금을 청구할 수 있다. 사고나 질병이 발생했을 때에도 현지에서 병원비를 계산하고 귀국 후 청구할 수 있다. 여행자 보험은 일반 보험 회사에서도 취급하며, 인터넷으로 신청할 수 있다. 사전 가입이 힘들다면 공항에서 출국 직전에 가입해서 가는 방법도 있다.

면세

일본 국내에서는 상품을 구입할 때 가격의 10%가 '소비세'로 추가 징수되지만, 해외 여행객에 대한 특별 조치로서 백화점, 가전 양판점, 할인점 등에서는 정해진 수속을 하면 소비세 지불이 면제된다.

면세 조치 대상
일본에 입국해 6개월 이내의 외국 국적인 사람, 여권에 기재돼 있는 체류 자격이 '외교' 또는 '공용'인 사람(일본에 입국해 6개월 이상 경과해도 가능).

면세 대상이 되는 물품
같은 날, 같은 상점에서 구매한 합계 금액이 아래에 해당되는 경우.
① 일반 물품 : 5,000엔 이상
② 소모품(식품류, 음료류, 약품류, 화장품류, 기타 소모품) : 5,000엔 이상 50만 엔 이하

면세 수속
① 물품을 구매할 때 구매자 본인의 여권(복사본은 불가)을 제시
② 상점 측이 여권에 '수출면세물품 구입 기록표'를 첨부(출국 시 세관에서 회수)
③ 출국 시 국외 반출할 것을 기재한 구입 서약서를 제출
④ 소모품인 경우는 구매한 날로부터 30일 이내에 국외로 반출할 것, 그리고 지정된 방법으로 포장돼 있는 것이 조건

면세 조치를 받을 수 있는 점포의 심벌 마크

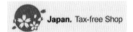

출입국
체크 리스트

인천 국제공항 가는 방법

공항철도
서울역에서 김포공항을 거쳐 인천 국제공항까지 빠르고 편리하게 갈 수 있는 장점이 있다.

전화 032-745-7788
홈페이지 www.arex.or.kr

공항철도	직통 열차(인천국제공항과 서울역 논스톱 운행) 43분 소요, 평균 운행 간격 35분, 1일 운행 횟수 58회
	요금: 어른 9,500원, 어린이 7,500원
	부가 서비스: 서울역 도심공항터미널 무료 이용, 서울역/인천국제공항역 고객 라운지 이용, 열차 지정 좌석제, 객실 승무원 서비스 제공, 전동 카트 서비스
일반 열차	59분 소요
	요금: 어른 4,250원, 어린이 2,200원

● 환승
■ 직통 열차
= 일반 열차

리무진
서울 경인 지역, 지방과 인천국제공항을 잇는 리무진 버스가 항시 운행한다.
• (주)공항리무진 www.airportlimousine.co.kr, 02-2664-9898

자동 출입국 심사(Smart Entry Service)

주민등록증 소지자는 사전 등록 절차 없이 바로 이용할 수 있다.(단, 주민등록증 발급 후 30년이 경과된 국민은 사전 등록 권고) 만 14세 이상은 사전 등록 후 이용할 수 있고, 만 7세 이상~만 14세 미만은 법정 대리인과 동반하여 사전 등록 후 이용할 수 있다.

등록 장소 및 시간
- 인천 국제공항 1터미널 3층 H 체크인 카운터 맞은편, 032-740-7400
- 인천 국제공항 2터미널 2층 정부종합행정센터 법무부 출입국 서비스 센터, 032-740-7368
- 운영 시간 07:00~18:00

도쿄 입국

2006년 3월 1일부터 일본을 단기 체류 목적으로 방문하는 경우에는 최대 90일까지 무비자로 방문할 수 있다. 일본 공항에 도착하면 입국 심사를 받는다. 일본 입국 심사대에서는 지문 등록 외에 사진도 찍는데 지문을 등록하면서 동시에 얼굴 사진 촬영을 하므로 주의해야 한다. 입국 심사대에서 여권과 함께 출입국 카드를 제출해야 한다. 출입국 카드에는 일본 내 주소와 연락처 그리고 뒷면의 체크 사항까지 반드시 모든 항목을 영문으로 기재하도록 한다.

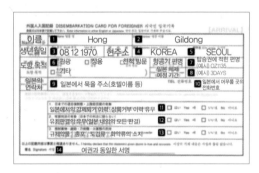

도쿄의
교통수단

하네다 공항에서 도쿄 시내로 이동

게이큐 전철(京急電鉄)

도쿄 도심의 주요 지역으로 이동할 때
는 시나가와역(11분, 300엔)으로 간 뒤
JR 야마노테선으로 환승하면 된다. 도
쿄 모노레일과 비교해서 가격도 저렴하
고 도에이 아사쿠사선과 바로 연결돼
도심 접근성도 뛰어나다. 특히 요코하
마 방면으로 갈 때는 무조건 게이큐 전철을 이용해야 시간 및 비용 면에서 손
해 보지 않는다. 매표소는 도착 로비가 있는 2층에 있다.

홈페이지 www.haneda-tokyo-access.com

도쿄 모노레일(東京モノレール)

모노레일은 게이큐 전철과 함께 가장
많이 이용돼 도쿄 도심으로 연결되는
교통이다. 도쿄 모노레일 매표소는 도
착 로비가 있는 2층과 출발 로비가 있
는 3층에 있다. 도쿄 도심의 주요 여행
지로 이동하면 모노레일의 공항 쾌속을
이용해서 하마마쓰초역(17분, 500엔)으로 간 뒤 여기서 JR 야마노테선으로
환승하면 된다.

홈페이지 www.tokyo-monorail.co.jp

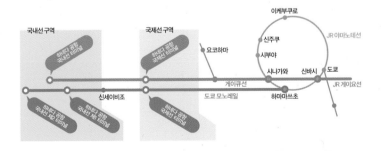

리무진 버스 リムジンバス

하네다 공항에서 도쿄, 가나가와현, 지바현, 사이타마현을 비롯한 간토의 각 지역으로 이동할 수 있다. 요금은 목적지에 따라 다르며, 소요 시간은 40~60분 정도이다.

홈페이지 www.limousinebus.co.jp
게이힌 버스 kr.hnd-bus.com/airport

유용한 티켓 - ❶ 웰컴! 도쿄 서브웨이 티켓

게이큐 본선 하네다 공항 제1, 제2 터미널역 및 제3터미널역-센가쿠지역 왕복과 Tokyo Subway 24-hour, 48-hour 또는 72-hour Ticket이 세트로 구성된 승차권. 방일 외국인 여행자 대상으로 판매.

요금	WELCOME! Tokyo Subway 24-hour Ticket(round trip)	어른 1,360엔, 어린이 680엔
	WELCOME! Tokyo Subway 48-hour Ticket(round trip)	어른 1,760엔, 어린이 880엔
	WELCOME! Tokyo Subway 72-hour Ticket(round trip)	어른 2,060엔, 어린이 1,030엔
판매처	하네다 공항 제3 터미널 게이큐 투어리스트 인포메이션 센터-(게이큐 TIC)	
유효기간	WELCOME! Tokyo Subway 24-hour Ticket(round trip)	구입 시각부터 24시간에 한해 유효
	WELCOME! Tokyo Subway 48-hour Ticket(round trip)	구입 시각부터 48시간에 한해 유효
	WELCOME! Tokyo Subway 72-hour Ticket(round trip)	구입 시각부터 72시간에 한해 유효
유효 구간	• 왕복 구간: 하네다 공항 제1, 제2터미널역 및 제3터미널역~센가쿠지역 • 승하차 자유 구간: 도쿄 메트로선 전 노선 및 도에이 지하철선 전 노선	

유용한 티켓 - ❷ 리무진 버스 & 서브웨이 패스(하네다 노선)

Tokyo Subway 24-hour, 48-hour또는72-hour Ticket과 하네다 공항과 도쿄도 구내 각 에리어를 잇는 리무진 버스 승차권이 세트로 된 승차권.

요금	Tokyo Subway 24-hour Ticket + 리무진 버스 승차권 하네다 노선 편도	어른 1,800엔, 어린이 900엔
	Tokyo Subway 48-hour Ticket + 리무진 버스 승차권 하네다 노선 편도 2매	어른 3,200엔, 어린이 1,600엔
	Tokyo Subway 72-hour Ticket + 리무진 버스 승차권 하네다 노선 편도 2매	어른 3,500엔, 어린이 1,750엔
판매처	하네다 공항 도착 로비 내 안내소, 리무진 버스 발권 카운터(신주쿠역 서쪽 출구 카운터, 도쿄 시티 에어 터미널 3F, 신주쿠 고속버스 터미널), 도쿄 메트로 정기권 판매소(나카노역, 니시후나바시역, 시부야역 제외)	

유효기간	리무진 버스 승차권	발매일로부터 6개월 가운데 1회 승차
	Tokyo Subway 24-hour Ticket	승차권 뒷면에 기재된 유효 기간 가운데 사용 시작 시각으로부터 24시간에 한해 유효
	Tokyo Subway 48-hour Ticket	승차권 뒷면에 기재된 유효 기간 가운데 사용 시작 시각으로부터 48시간에 한해 유효
	Tokyo Subway 72-hour Ticket	승차권 뒷면에 기재된 유효 기간 가운데 사용 시작 시각으로부터 72시간에 한해 유효
유효 구간		• 리무진 버스 승차권: 하네다 공항~도쿄도 구내 에리어 노선의 편도 또는 편도 2회 승차 • Tokyo Subway Ticket: 도쿄 메트로 전 노선 및 도에이 지하철 전 노선

<u>유용한 티켓 - ③ 모노레일 & JR 야마노테선 할인 티켓</u>
하네다 공항에서 JR 야마노테선 각 역 어디에서 내려도 500엔으로 이용할 수 있는 티켓(토·일, 공휴일, 특정 기간에만 사용 가능).

홈페이지 www.tokyo-monorail.co.jp

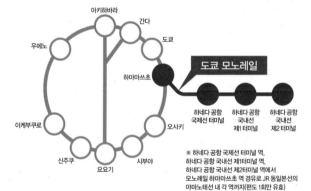

아키하바라
간다
우에노
도쿄
하마마쓰초

도쿄 모노레일

하네다 공항 국제선 터미널
하네다 공항 국내선 제1 터미널
하네다 공항 국내선 제2 터미널

이케부쿠로
오사키
신주쿠
요요기
시부야

※ 하네다 공항 국제선 터미널 역, 하네다 공항 국내선 제1터미널 역, 하네다 공항 국내선 제2터미널 역에서 모노레일 하마마쓰초 역 경유로 JR 동일본선의 야마노테선 내 각 역까지(편도 1회만 유효)

Tip. 하네다 공항

2010년 10월, 도쿄 도심에서 가까운 거리에 있는 하네다 공항에 국제선 여객 터미널이 개통했다. 도쿄 도심과의 접근성을 높이기 위해 터미널 지하와 지상에 게이큐 전철과 도쿄 모노레일이 개설됐다. 게이큐 전철을 타면 시나가와 역까지, 모노레일을 타면 하마마쓰초역까지 각각 15~19분 만에 도착한다. 공항 내에는 새롭게 에도 시대 도쿄의 옛 거리를 그대로 재현한 에도코지가 있는데 이곳의 음식 맛은 높은 평가를 내리기가 어렵다. 공항 내 전망대인 도쿄팝 타운이 있어 잠시 머물기 좋다.

홈페이지 www.tokyo-airport-bldg.co.jp

나리타 공항에서 도쿄 시내로 이동

JR 나리타 익스프레스(成田エクスプレス)

JR 나리타 익스프레스(N'EX)는 나리타 공항과 도쿄 시내를 가장 빨리 연결하는 노선으로, 도쿄역을 비롯한 시나가와, 시부야, 신주쿠, 이케부쿠로 등 도쿄의 주요 지점을 연결한다. 전 좌석 지정석으로 사전 예약이 필요하며 매표소는 공항 1층과 지하 1층에 있다. 무선 LAN 이용, 캐리어 등 큰 짐을 두는 곳에는 다이얼식 자물쇠가 있다. 경쟁사인 게이세이 전철보다 시간, 가격 면에서 특별한 경쟁력을 갖추지 못해 딱히 추천할 패스는 아니지만 JR 패스로 여행하는 경우나 도쿄 시내 및 요코하마 등으로 환승 없이 바로 가야 할 경우라면 이 패스를 구입하는 것이 좋다.

홈페이지 www.jreast.co.jp

게이세이 전철(京成電鉄) 게이세이 스카이라이너(京成スカイライナ-)

나리타 익스프레스(N'EX)와 쌍벽을 이루는 특급 열차다. 스카이라이너를 이용하면 공항에서 우에노역까지 40분, 닛포리역까지 36분 만에 도착할 수 있다. 다만 도쿄 시내의 우에노역과 닛포리역 두 정거장으로만 운행하기 때문에 다른 지역으로 이동하려면 환승해야 한다는 불편함이 있다. 왕복 요금 4,480엔(편도 요금 2,570엔)이다.

게이세이 액세스 특급(京成アクセス特急)

게이세이 액세스 특급은 직통 운행은 아니지만, 나리타 익스프레스나 게이세이 스카이라이너와 달리 특급권이 필요 없기 때문에 저렴한 교통권을 구하고 싶은 사람에게 추천한다. 아사쿠사역, 오시아게역(스카이트리 앞)에 정차하므로 이 지역을 먼저 여행할 때는 액세스 특급을 이용하는 것이 좋다. 노선도 색깔은 노란색으로 표시돼 있고, 닛포리역에서 JR 야마노테선으로 환승할 수 있다.

홈페이지 www.keisei.co.jp

리무진 버스

버스의 장점은 환승 없이 목적지까지 갈 수 있다는 점이다. 그러나 교통 체증이 생긴다면 철도 이동보다 많은 시간이 소요될 수 있다. 도쿄역까지는 약 52분이 소요된다. 리무진 버스를 이용해 도쿄역을 비롯해, 하네다 공항, 신주쿠,

아사쿠사 주변, 긴자, 롯폰기로 이동이 가능하다. 도쿄 시내 외에 요코하마, 사이타마 지역, 디즈니랜드까지 이동할 수 있는 노선도 있다.

홈페이지 www.limousinebus.co.jp

도쿄 셔틀(게이세이 버스)

도쿄 셔틀은 나리타 공항과 도쿄역을 연결하는 고속버스로 요금은 편도 1,300엔이다. 나리타 공항-도쿄역 구간의 교통편 중 가장 저렴하다. 나리타 공항의 모든 터미널에서 승차가 가능하다. 교통 정체가 없으면 나리타 공항에서 도쿄까지 1시간 20분 만에 도착할 수 있다. 나리타 공항에서의 출발 시간은 제3 터미널을 기준으로 오전 7시 30분이고, 최종 시간은 23시 20분이다. 도쿄 셔틀은 제3, 제2, 제1의 순으로 터미널마다 모두 정차하기 때문에, 도착한 터미널이 어디든 각 터미널의 승강장에서 바로 승차할 수 있다.

홈페이지 www.keiseibus.co.jp

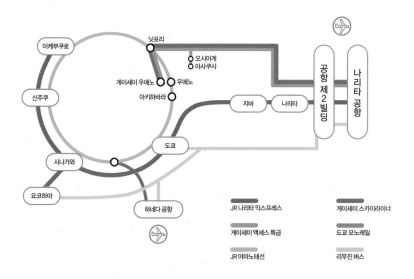

유용한 티켓 - ❶ 게이세이 스카이라이너 & 도쿄 서브웨이 티켓

Tokyo Subway 24-hour, 48-hour 또는 72-hour Ticket과 게이세이 스카이라이너 특급권·승차권(편도 또는 왕복)이 세트로 된 승차권.

요금	Tokyo Subway 24-hour Ticket + 스카이라이너 편도(특급권+승차권)	어른 2,840엔, 어린이 1,420엔
	Tokyo Subway 48-hour Ticket + 스카이라이너 편도(특급권+승차권)	어른 3,240엔, 어린이 1,620엔
	Tokyo Subway 72-hour Ticket + 스카이라이너 편도(특급권+승차권)	어른 3,540엔, 어린이 1,770엔
	Tokyo Subway 24-hour Ticket + 스카이라이너 왕복(특급권+승차권)	어른 4,780엔, 어린이 2,390엔
	Tokyo Subway 48-hour Ticket + 스카이라이너 왕복(특급권+승차권)	어른 5,180엔, 어린이 2,590엔
	Tokyo Subway 72-hour Ticket + 스카이라이너 왕복(특급권+승차권)	어른 5,480엔, 어린이 2,740엔
판매처	• 나리타공항역 혹은 공항제2빌딩역의 승차권 판매 카운터, 나리타 공항 도착 로비 내 게이세이 전철 승차권 판매 카운터(외국인 여행객 대상, 여권 등으로 확인) • 일부 해외여행 대리점 • 피치항공(Peach Aviation), 춘추항공, 젯스타 재팬이 운항하는 나리타 공항 도착 국내편 기내	
유효 기간	Tokyo Subway 24-hour Ticket	승차권 뒷면에 기재된 유효 기간 가운데 사용 시작 시각으로부터 24시간 유효
	Tokyo Subway 48-hour Ticket	승차권 뒷면에 기재된 유효 기간 가운데 사용 시작 시각으로부터 48시간 유효
	Tokyo Subway 72-hour Ticket	승차권 뒷면에 기재된 유효 기간 가운데 사용 시작 시각으로부터 72시간 유효
유효 구간	• 게이세이선: 나리타공항역에서 게이세이우에노역까지 편도 또는 왕복 승차 • Tokyo Subway Ticket: 도쿄 메트로 전 노선 및 도에이 지하철 전 노선	

유용한 티켓 - ❷ N'EX 도쿄 왕복 티켓

2015년 3월 14일부터 발매·개시한 티켓이다. N'EX 도쿄 왕복 티켓을 구입하면 나리타 공항 제1 터미널, 나리타 공항 제2, 제3 터미널과 수도권 주요 역간을 운행하는 나리타 익스프레스 일반석 지정석을 왕복으로 이용할 수 있다. 도쿄역까지 일반석 기준 성인 4,070엔, 어린이 2,030엔으로 저렴한 편이다.

> **Tip.** 나리타 공항
>
> 도쿄 중심가에서 북동쪽으로 60km 떨어진 지바현 나리타시에 있다. 북아메리카와 아시아를 잇는 대표적인 허브 공항으로 경쟁 공항인 상하이, 인천, 타이베이보다 상대적으로 가장 많은 수의 북미 항공편이 취항하는 곳이다. 하네다 공항에 비해 도심 접근성은 떨어지나, 이 때문에 항공권 가격이 하네다에 비해 저렴한 편이다.
> 홈페이지 www.narita-airport.jp

전철

JR 야마노테선(JR 山手線)

도쿄를 여행하는 여행자들이 가장 많이 이용하는 JR 동일본의 전철이다. 신주쿠, 시부야, 이케부쿠로, 시나가와, 도쿄 등 도쿄의 핵심 지역들을 순환한다. JR 야마노테선의 주요 역들을 기점으로 대형 사철들이 철도 노선을 건설해

일본 수도권 교통의 척추와 같은 구실을 하고 있다. 가장 기본적인 여행지만 돌아보는 경우라면 JR 야마노테선으로도 충분하다.

JR 주오선(JR 中央線)

도쿄 도심을 동서로 연결하는 JR 동일본의 노선으로 주오 쾌속선이 공식 명칭이다. 도쿄역에서 다카오역을 연결하는 이 노선은 도심을 가로질러 가기 때문에 도쿄역에서 신주쿠역으로 바로 이동하는 경우에 이 노선을 이용하면 빠르게 갈 수 있다.

> **Tip.** JR선과 사철의 차이
>
> JR선은 일본 전 지역에 철도망을 가진 철도회사이다. 예전의 국영철도를 민영화한 뒤 각 지역별로 노선을 나누어 운행하고 있다. 여행객을 위한 '재팬 레일 패스'는 일부 신칸선을 제외한 JR 전 노선을 이용할 수 있는 편리하고 경제적인 패스다. JR선 역의 입구
>
>
>
> 나 개찰구에는 JR 마크가 표시돼 있다. 사철은 개인이나 일반 회사가 만든 철도 노선으로 재팬 레일 패스를 사용할 수 없다. 도쿄 지역의 사철은 도부철도(도쿄 스카이트리 소유), 세이부 철도, 게이세이 전철(디즈니랜드 소유), 게이오 전철, 오다큐 전철, 도큐 전철, 게이큐 전철, 도쿄 메트로가 있다.

지하철

도에이 지하철(都営地下鉄, 4개)

아사쿠사선, 신주쿠선, 미타선, 오에도선이 있다.

도쿄 메트로(東京メトロ, 9개)

긴자선, 마루노우치선, 히비야선, 도자이선, 치요다선, 유라쿠초선, 한조몬선, 난보쿠선, 후쿠토신선이 있다. 도에이 지하철은 도쿄에서 운영하고, 도쿄 메트로는 도쿄 메트로 주식회사에서 운영한다. 노선이 복잡하다 해서 어려워할 필요는 없다. 알파벳과 색깔 그리고 숫자로 각 노선이 구분돼 있다.

교통 티켓

편리한 IC카드 승차권

일본 전역에 사용하고 있는 교통 IC카드는 도쿄와 수도권 주요 철도와 버스에서 이용할 수 있다. 카드에 미리 금액을 충전해 사용하는 충전식 카드이며, 각 역의 자동 개찰구 및 버스 요금기의 단말기에 터치하면 자동적으로 운임이 결제된다. 또한 전자화폐 기능이 있어 가맹점에서 사용이 가능하다(일부 제외). 도쿄는 한국에서와 같은 환승 제도가 없기 때문에, 운영 회사가 다른 철도 노선을 이용할 때마다 승차권을 새로 구입해야 한다. 하지만 IC카드 승차권은 개찰구에서 바로 확인이 되기 때문에 시간이 한정된 여행자에게 매우 유용하다.

IC카드의 종류

스이카(Suica)란?

JR 동일본이 발행하는 충전식 선불 교통카드다. 첫 회 구입 시 충전 요금 1,500엔과 예치금(카드 해약 시에 반환) 500엔을 합쳐 2,000엔을 지불해야 한다.

스이카 반환 및 잔액 환불

JR선 역 창구에서 보증금과 잔액을 환불받을 수 있다. 환불 금액은 잔액에서 수수료 220엔을 제외한 금액에 보증금 500엔을 더한 금액이다.

> **Tip.** 마이 스이카(My Suica)를 사용하자
>
> 여행 동반자 중에서 어린이(6~11세)가 있다면 마이 스이카(My Suica)를 구입하는 것이 좋다. 구입할 때 어린이의 나이를 등록하게 되면 개찰기에서 어린이 요금으로 통과 가능하다. 일반적인 스이카는 사용자가 어린이일지라도 어른 요금이 적용된다. 연령의 증명은 여권을 제시하면 된다.

스이카(Suica) 종류

스이카는 개인 정보를 등록하지 않아도 된다. 소유자 이외의 사람도 사용할 수 있다. 마이 스이카(My Suica)는 이름, 생년월일, 성별을 등록해 이용자를 정하는 것으로 카드를 발행하면 나중에 카드를 잃어버렸을 때에도 재발행할 수 있다.

요금 2,000엔 **판매처** JR선 역 자동 판매기, 녹색 창구(綠の窓口), Kiosk(역 내 매점) **유효 기간** 마지막 사용일로부터 10년간 유효 **홈페이지** www.jreast.co.jp

파스모(PASMO)란?

파스모는 주식회사 파스모가 발행하는 자동 제어 규격/비접촉식 IC 카드 방식의 대중교통 카드 전자화폐다. 예치금은 500엔이다.

요금 1,000엔, 2,000엔, 3,000엔, 4,000엔, 5,000엔, 10,000엔 **판매처** 가맹 사업자의 주요 역, 버스 영업소 **유효 기간** 마지막 사용일로부터 10년간 유효 **홈페이지** www.pasmo.co.jp

유용한 도쿄 철도표

도쿄 프리깃푸

유효 기간 내의 1일에 한해 도쿄 메트로 전 노선, 도에이 지하철 전 노선, 도덴, 도버스(심야 버스, 좌석 정원제 버스 등을 제외), 닛포리·도네리 라이너의 전 구간 및 JR선의 도쿄 내 구간 승하차가 자유로운 승차권이다.

요금 1,600엔(어른), 800엔(어린이) **판매처** 도쿄도의 구역 내 JR 동일본의 주요 역 녹색 창구(緑の窓口), 뷰 플라자(びゅプラザ), 도에이 지하철 각 역, 닛포리·도네리 라이너 각 역, 도쿄 메트로 각 역 등 **유효 기간** 1일 **유효 구간** JR선, 도쿄 메트로, 도에이 지하철, 도버스, 도덴, 닛포리·도네리 라이너 **홈페이지** www.jreast.co.jp

도에이 마루고토깃푸

도쿄도 전철(도덴) 아라카와선, 도영버스, 도에이 지하철, 닛포리·도네리 라이너를 하루 종일 무제한으로 이용할 수 있다.

요금 700엔(어른), 350엔(어린이) **판매처** 도에이 지하철 각 역의 자동 매표기, 도영버스, 도쿄도 전철(도덴)의 차 내, 닛포리·도네리 라이너 각 역의 자동 매표기에서 당일 발매. 예매는 도에이 지하철 각 역(일부 제외)의 창구, 도영버스 영업소·지소, 아라카와 전철 영업소, 도에이 지하철·도영버스·도쿄 전철(도덴) 및 닛포리·도네리 라이너의 정기권 발매소(일부 제외)에서 할 수 있다. **유효 기간** 1일 **유효 구간** 도에이 지하철, 도버스, 도덴, 닛포리·도네리 라이너 **홈페이지** www.kotsu.metro.tokyo.jp

도쿄 메트로, 도쿄 도에이 지하철 공통 1일 승차권

유효 기간 내인 1일에 한해 도쿄 메트로 전 노선이 승하차 자유인 승차권. 예매권과 당일권이 있다.

요금 900엔(어른), 450엔(어린이) **판매처** 도에이 지하철, 도쿄 메트로 각 역의 자동 매표기(오시아게, 메구로, 시로카네다이, 시로카네타카나와, 신주쿠선 신주쿠를 제외)에서 당일 발매 **유효 기간** 1일 **유효 구간** 도쿄 메트로, 도에이 지하철 **홈페이지** www.tokyometro.jp

도쿄 메트로 24시간권

사용 개시일로부터 24시간에 한해, 도쿄 메트로 전 노선을 자유롭게 이용할 수 있는 승차권이다.

요금 600엔(어른), 300엔(어린이) **판매처** 예매권은 도쿄 메트로 각 역의 정기권 발매소(나카노, 니시후나바시, 후쿠토신선 시부야를 제외)에서, 당일권은 도쿄 메트로 각 역(일부 역을 제외)의 자동 매표기에서 발매 **유효 기간** 발매일에 사용 시작 시각으로부터 24시간 이내에 유효(구입 당일에 이용하지 않을 경우 무효) **유효 구간** 도쿄 메트로 **홈페이지** www.tokyometro.jp

JR 동일본 도쿄도 구내 패스

도쿄 23구 내의 보통 열차(쾌속 포함)를 포함한 보통차 자유석이 승하차하는
자유인 티켓이다.

요금 900엔(어른), 380엔(어린이) 판매처 JR 동일본 프리 지역 안에 있는 주요 역의
지정석권 매표기, 녹색 창구(緑の窓口), 뷰 플라자(びゅプラザ) 등(일부 제외)에서 발
매 유효 기간 1일 유효 구간 JR 야마노테선 홈페이지 www.jreast.co.jp

도덴 1일 승차권

도덴 아라카와선을 1일 동안 횟수에 상관없이 승차할 수 있는 승차권이다.

요금 400엔(어른), 200엔(어린이) 판매처 아라카와 전차 영업소, 오쓰카 역 앞, 오지
역 앞 도덴 정기권 발매소, 와세다 자동차 영업소에서 구입 가능. 당일권은 도덴 차 내
에서도 구입 가능 유효 기간 1일 유효 구간 도덴 아라카와선 홈페이지 www.jreast.
co.jp

유리카모메 1일 승차권

발매 당일에 한해 유리카모메를 횟수 제한 없이 자유롭게 승차할 수 있는 승차
권이다.

요금 820엔(어른), 410엔(어린이) 판매처 예매권은 도쿄 메트로 각 역의 정기권 발매
소(나카노, 니시후나바시, 후쿠토신선 시부야를 제외)에서, 당일권은 도쿄 메트로 각 역
(일부 역을 제외)의 자동 매표기에서 발매 유효 기간 발매일에 사용 시작 시각으로부터
24시간 이내에 한해 유효(구입 당일에 이용하지 않을 경우 무효) 유효 구간 도쿄 메트로
전 노선 홈페이지 www.tokyometro.jp

알아 두면
좋은 정보

로밍

대부분의 스마트폰은 현지 도착 이후 전원을 켜면 자동 로밍이 된다. 단, 데이터 로밍을 원하지 않을 경우 출발 전 공항에서 해당 기능을 차단한 후 출국하면 된다. 한 번 데이터 로밍을 차단하면 특별히 다시 신청하지 않는 한 계속 차단이 된다. 로밍은 각 통신사별로 로밍 프로그램이 있으니 여행 전 확인해서 신청하면 된다.

포켓 와이파이와 유심

포켓 와이파이와 같은 휴대용 와이파이를 대여해서 갈 수도 있다. 포켓 와이파이는 한 대의 기계로 여러 명이 이용할 수 있기 때문에 2명 이상이라면 포켓 와이파이가 더 효율적이다. 로밍을 하거나 포켓 와이파이를 준비하지 않았다면 도코모와 같은 일본 유심칩을 출국 전이나 일본 공항에 도착해서 구입한 후 사용할 수도 있다.

무료 와이파이

호텔이나 일반 게스트 하우스 내에서 와이파이가 대부분 이용 가능하다. 주요 역이나 지역에서도 무료 와이파이 사용이 가능하다.

팁 문화

일본은 팁 문화가 없기 때문에 영수증에 표시된 금액 외에는 지불하지 않아도 된다. 택시나 호텔 등에서도 팁을 줄 필요가 없다.

식당 이용하기

이자카야에서 받는 기본 요금

일본의 이자카야에서는 대부분 오토오시(お通し)나 쓰키다시(つきだし)라고 하는 소량의 전채 요리가 먼저 나온다. 일반적으로 이것에 대해 몇 백 엔 정도 요금을 받는데, 일종의 자릿세라고 할 수 있다. 일부 가게에서는 오토오시를 거절할 수도 있으니 필요 없는 경우에는 점원과 이야기해야 한다.

식당 매표기 사용법

식당 앞에 있는 식권기에 일본 엔화를 투입구에 넣고 자신이 먹고 싶은 요리 버튼을 누르면 식권이 나온다. 그 식권을 점원에게 가져다주면 된다. 1만 엔이나 5천 엔짜리 지폐를 사용할 수 없는 경우라면, 점원에게 부탁해서 환전하면 된다.

다른 가게에서 구입한 음식물을 먹는 경우

대부분의 일본 음식점에서는 외부에서 구입한 음식물을 반입해 먹는 것을 매너 위반으로 본다.

상점 이용하기

일본에서는 구입하기 전에 상품을 개봉해서는 안 된다. 내용을 확인하고 싶을 때는 점원에게 물어봐야 한다. 어떤 상품도 지불 전에 개봉 및 식음은 불가하니 주의해야 한다.

비상 연락처

<u>일본 경찰 110, 구급 화재 119</u>

만일 물건을 도난당했다면 가까운 경찰서를 방문하여 신고하고, 분실물 신고서를 발급받는다. 여행자 보험에 가입했을 경우 이 신고서를 근거로 약간의 보상을 받을 수 있다.

<u>한국 영사관(주일 도쿄 대사관 영사부)</u>

- 주소 日本国東京都港区南麻布 1-7-32 (우편번호 106-0047)
- 전화 (81-3) 3455-2601~3

여권 분실 및 사건·사고 등 긴급 연락처

- 긴급 전화(휴일) (81-90) 1693-5773(사건·사고)
  (81-90) 4544-6602(사건·사고)
- 위치 (난보쿠선·도에이 오에도선) 아자부주반역 2번 출구 고탄다 방향 도보 3분 후 왼편에 위치한 한국중앙회관 2층 영사과

BEST
COURSE

추 천 코 스

여행은 누구와 가느냐, 무엇을 하느냐에 따라 즐거움이 다르다. 동행별, 테마별 코스를 추천한다. 자신의 여행 스타일에 맞는 코스를 골라 그대로 따라 해도 좋고 응용해도 좋다.

도쿄역-긴자-아사쿠사
다운타운 여행

도쿄역 마루노우치 출구에서 출발하여 긴자와 아사쿠사를 거쳐, 도쿄 스카이트리에 올라 야경을 보는 일정이다. 도쿄역과 마루노우치의 미쓰비시 1호관 미술관, 마루노우치 브릭스퀘어, 도쿄 미드타운 히비야, 히비야 공원, 고쿄(황거), 긴자의 와코 백화점, 기무라야, 긴자 식스, 오래된 노포 음식점들, 아사쿠사의 센소지, 나카미세도리, 스미다 리버워크, 도쿄 미즈마치, 그리고 도쿄 스카이트리까지 볼 수 있는 코스이다.

역순으로 출발하면 키테의 옥상 정원에서 도쿄역의 야경을 볼 수 있으며, 겨울 시즌이라면 도쿄역과 마루노우치의 일루미네이션을 볼 수 있다.

도쿄역 ➡ 미쓰비시1호관 미술관, 마루노우치 브릭스퀘어 ➡ 도쿄 미드타운 히비야 ➡ 히비야 공원 ➡ 와코 백화점, 기무라야, 긴자 식스 ➡ 센소지 ➡ 나카미세도리 ➡ 스미다 리버워크 ➡ 도쿄 미즈마치 ➡ 도쿄 스카이트리

도쿄역
(JR선, 마루노우치선)

도보 2분 →

미쓰비시 1호관 미술관,
마루노우치 브릭스퀘어

도보 10분 →

도쿄 미드타운 히비야

↓ 도보 2분

지하철 18분

긴자역 →
아사쿠사역(긴자선)

← 도보 2분

와코 백화점, 기무라야,
긴자 식스

← 도보 5분

히비야 공원

↓ 도보 3분

센소지

도보 1분 →

나카미세도리

도보 10분 →

스미다 리버워크

↓ 도보 5분

도쿄 스카이트리

← 도보 10분

도쿄 미즈마치

하라주쿠-시부야
유행 1번지 여행

하라주쿠역에서 출발해서 시부야로 이어지는 일반적인 코스이다. 다케시타 거리에서 우라하라주쿠를 거쳐 캣 스트리트로 이동하거나, 아오야마 지역으로 이동하면서 쇼핑을 즐길 수도 있다. 미야시타 공원에서 파르코나 로프트가 있는 센터가이 지역을 돌아볼 수도 있고, 시부야역 주변의 시부야 히카리에, 시부야 마크시티, 시부야 스트림 등을 볼 수 있다. 오후 일정이 끝나면 시부야 스크램블 스퀘어의 시부야 스카이 전망대로 올라가서 도쿄의 야경을 보는 일정이다. 일루미네이션이 개최되는 겨울 시즌에 이 코스를 따라가면 오모테산도, 시부야의 '청의 동굴' 일루미네이션을 볼 수 있다.

메이지 신궁 ➡ 위드 하라주쿠 ➡ 다케시타 거리 ➡ 오모테산도 힐스 ➡ 캣 스트리트 ➡ 미야시타파크 ➡ 시부야 스크램블 스퀘어(시부야 스카이)

하라주쿠역
(JR선)

도보 1분

메이지 신궁

도보 2분

위드 하라주쿠

도보 2분

다케시타 거리

도보 10분

오모테산도 힐즈

도보 2분

캣 스트리트

도보 15분

미야시타 파크

도보 7분

시부야 스크램블 스퀘어(시부야 스카이)

우에노-야네센
도쿄 옛 거리 여행

우에노에서 출발해서 야네센의 핵심 지역인 야나카 긴자를 여행하는 코스이다. 우에노 공원과 공원 내에 있는 도쿄도 미술관 등을 추가로 돌아볼 수 있다. 가야바 커피에서 야나카 긴자로 이어지는 루트에는 아사쿠라 조소관 등이 있다.
야나카 긴자에서 닛포리역으로 이동하는 길에 유야케단단이 있는데 노을이 지는 시간에 맞추어 가면 멋진 풍경을 볼 수 있다.

아메요코 상점가 ➡ 국립 서양 미술관 ➡ 가야바 커피 ➡ 야나카 긴자

우에노역
(JR선)

→ 도보 2분

아메요코 상점가

↓ 도보 10분

국립 서양 미술관

↓ 도보 12분

가야바 커피

→ 도보 14분

야나카 긴자

쓰키지-긴자-히비야
미식 & 쇼핑 여행

쓰키지 장외시장에서 출발하여 히비야까지 여행하는 코스로, 가부키자를 지나 긴자로 이동할 때, 긴자 식스 외에도 긴자의 주요 백화점인 와코 백화점, 미쓰코시 백화점, 복합 쇼핑몰 긴자 플레이스 등을 함께 둘러볼 수 있다.
또한 취향에 따라서는 마지막 코스인 히비야 대신에, 니혼바시, 혹은 도쿄역이나 마루노우치, 고쿄 등으로 경로를 변경할 수도 있다.

쓰키지 장외시장 ➡ 쓰키지 혼간지 ➡ 가부키자 ➡ 긴자식스 ➡ 도쿄 미드타운 히비야

쓰키지역
(히비야선)

→ 도보 1분

쓰키지 장외시장

↓ 도보 4분

쓰키지 혼간지

← 도보 7분

가부키자

↓ 도보 6분

긴자 식스

→ 도보 10분

도쿄 미드타운 히비야

오다이바
유리카모메 여행

도요스 시장에서 출발하여 오다이바를 돌아보고, 도쿄 크루즈 수상 버스를 타고 아사쿠사로 이동하는 코스이다. 아사쿠사에서 역순으로 출발해도 좋다. 아사쿠사를 보고 도쿄 크루즈 수상 버스를 타고 오다이바로 이동하면서, 도쿄에서 수상 여행을 즐기는 색다른 경험을 할 수 있다. 특히 저녁 시간에는 강변의 야경을 함께 볼 수 있다.

도요스시장 ➡ 후지TV ➡ 덱스 도쿄 비치, 아쿠아 시티, 다이버시티 도쿄 플라자 ➡ 오다이바 해변 공원 ➡ 도쿄 크루즈 ➡ 아사쿠사

시조마에역
(유리카모메)

→ 도보 4분

도요스 시장

→ 도보 4분

지하철 13분

시조마에역 → 다이바역
(유리카모메)

↓ 도보 3분

덱스 도쿄 비치, 아쿠아 시티,
다이버시티 도쿄 플라자

← 도보 7분

후지 TV

↓ 도보 2분

오다이바 해변 공원

↓ 도보 3분

도쿄 크루즈

→ 크루즈 50~60분

아사쿠사

당일 일정

롯폰기-오모테산도
아트 & 패션 여행

국립 신미술관이 있는 롯폰기에서 출발해서 오모테산도까지 이동하는 코스이다. 국립 신미술관 외에도 모리 미술관, 도쿄 미드타운, 도쿄 시티뷰의 스카이데크를 구경하고, 아오야마의 네즈 미술관을 둘러본 후 아오야마 쇼핑을 하고, 오모테산도까지 이동한다. 오모테산도에서 하라주쿠로 이동해도 되고, 혹은 시부야로 이동해도 된다.

국립 신미술관 ➡ 롯폰기 힐즈 ➡ 모리미술관, 도쿄 시티뷰 ➡ 도쿄 미드타운 ➡ 네즈 미술관 ➡ 오모테산도 힐즈

노기자카역
(치요다선)

바로 →

국립 신미술관

도보 7분 →

롯폰기 힐즈

도보 5분 ↓

모리 미술관, 도쿄 시티뷰

도보 7분 ↓

도쿄 미드타운

도보 14분 →

네즈 미술관

도보 10분 ↓

오모테산도 힐즈

단기 여행자를 위한
도쿄 핵심 여행

나리타 공항 인·아웃으로 구성된 일정으로 긴자, 신주쿠, 하라주쿠, 오모테산도, 미야시타 파크, 시부야가 주요 여행지이다. 마지막 날은 우에노에 들러 국립 서양 미술관이나 도쿄도 미술관 관람을 하고 바로 나리타 공항으로 이동한다. 관광 일정의 중간중간에 긴자 식스 혹은 긴자 유니클로, 오모테산도, 캣 스트리트, 아오야마 등에서 쇼핑을 즐길 수 있다. 또한 시부야의 파르코, 로프트, 돈키호테에 들러서 원하는 것을 구입하는 것도 가능하다.

1일차	와코 백화점 ➡ 렌가테이 ➡ 긴자 식스 ➡ 도쿄도청

2일차	메이지 신궁 ➡ 위드 하라주쿠 ➡ 다케시타 거리 ➡ 오모테산도 힐즈 ➡ 캣 스트리트 ➡ 미야시타파크 ➡ 시부야 스크램블 스퀘어(시부야스카이)

3일차	국립서양미술관 ➡ 도보 5분 - 도쿄도 미술관

나리타 공항

1300엔 버스
1시간 20분

긴자역

도보 2분

와코 백화점

도보 5분

긴자 식스

도보 10분

렌가테이

도보 2분

지하철 15분

긴자역 → 신주쿠역
(마루노우치선)

도보 10분

도쿄도청(전망대)

하라주쿠역
(JR선)

도보 1분 →

메이지 신궁

도보 2분 →

위드 하라주쿠

도보 2분 ↓

캣 스트리트

← 도보 2분

오모테산도 힐즈

← 도보 10분

다케시타 거리

도보 15분 ↓

미야시타 파크

도보 7분 →

시부야 스크램블 스퀘어(시부야 스카이)

우에노역
(JR선)

도보 7분 →

국립 서양 미술관

도보 5분 →

도쿄도 미술관

도보 11분 ↓

나리타 공항

← 게이세이 라이너
41분

게이세이우에노역
(게이세이선)

구석구석 빠짐없이
도쿄 만점 여행

한국 여행자들이 가장 많이 이용하는 나리타 인·아웃으로 구성된 여행 일정이다. 첫날 나리타 공항에서 나리타 익스프레스를 타고 신주쿠로 이동한 뒤, 오다큐선으로 환승하여 시모키타자와를 여행하고 다시 신주쿠로 돌아온다. 둘째 날은 나카메구로에서 출발해서 시부야까지, 셋째 날은 도요스 시장과 오다이바, 긴자까지 둘러보는 일정이며, 마지막 날은 공항으로 가기 전 오전에 아사쿠사를 돌아보는 일정이다. 공항 출발이 어디냐에 따라 마지막 날 일정은 달라지는데 신주쿠와 도쿄역 부근이라면 나리타 익스프레스를 이용하면 되고, 우에노에서 가까운 지역이라면 게이세이선을 이용하면 된다.

1일차	도쿄도청 ➡ 보너스 트랙 ➡ 시모키타 선로 거리 아키치 ➡ 미칸 시모키타
2일차	스타벅스 리저브 로스터리 도쿄 ➡ 다이칸야마 츠타야서점 ➡ 로그로드 다이칸야마 ➡ 시부야히카리에 ➡ 미야시타파크 ➡ 시부야 스크램블 스퀘어 ➡ 시부야 논베 요코초
3일차	도요스 시장 ➡ 아쿠아 시티 ➡ 후지TV ➡ 하쿠힌칸 토이파크 ➡ 긴자 식스
4일차	스미다 리버워크 ➡ 도쿄 미즈마치 ➡ 센소지

나리타 공항

나리타 익스프레스
1시간 30분 →

신주쿠역
(JR선)

도보 6분 →

도쿄도청(전망대)

도보 6분 ↓

지하철 7분

**신주쿠역 →
시모키타자와역(오다큐선)**

← 도보 10분

보너스 트랙

← 도보 13분

시모키타 선로 거리 아키치

도보 4분 ↓

미칸 시모키타

나카메구로역
(도요코선, 히비야선)

도보 11분 →

**스타벅스 리저브
로스터리 도쿄**

도보 12분 →

다이칸야마 쓰타야 서점

도보 10분

다이칸야마 로그로드

도보 16분

시부야 히카리에

도보 6분

미야시타 파크

도보 4분

도보 4분

시부야 논베 요코초

시부야 스크램블 스퀘어(시부야 스카이)

Day 3

시조마에역
(유리카모메)

도보 4분

도요스 시장

도보 4분

지하철 14분

시조마에역 → 오다이바
카이힌코헨역(유리카모메)

도보 6분

지하철 15분

다이바역 → 신바시역
(유리카모메)

도보 5분

후지 TV

도보 2분

아쿠아 시티

하쿠힌칸 토이 파크

도보 2분

도보 4분

긴자 식스

아사쿠사역
(아사쿠사선)

도보 4분

스미다 리버워크

도보 4분

도쿄 미즈마치

도보 7분

게이세이우에노역 환승
(게이세이선)

도보 3분

지하철 5분

**아사쿠사역 →
우에노역(긴자선)**

도보 3분

센소지

게이세이 라이너
41분

나리타 공항

N O W

지역여행

전통과 현대가 공존하는 도쿄
는 독특한 매력을 지닌 도시다.
편리한 도시 인프라가 갖춰져
있고 쇼핑, 미식, 관광을 모두
즐길 수 있는 도쿄에서 특별한
시간을 즐겨 보자.

신주쿠

新宿

Shinjuku

상상 이상의 쇼핑 천국

신주쿠는 도쿄 최대의 번화가이자 거대 도시 도쿄의 축소판 같은 곳이다. 신주쿠역을 기점으로 서쪽에는 고층 빌딩 숲이 있고, 동쪽은 쇼핑·식사·오락의 거리가 자리 잡고 있으며, 남쪽에는 고속버스 터미널 바스타 신주쿠와 도시형 쇼핑 복합 시설 NEWoMan이 있다. 또한 인기 애니메이션 〈언어의 정원〉의 중심 무대인 신주쿠교엔, 하나조노 신사 등이 신주쿠에 위치해 있다. 이처럼 도시와 자연, 문화 등 다양한 얼굴을 가진 신주쿠는 도쿄 여행의 하이라이트라고 할 수 있다. 도쿄의 지도를 바꾸는 재개발 사업이 신주쿠에도 이어져, 오다큐 백화점과 그 맞은편의 메이지 야스다 생명 빌딩이 재건축에 들어갔고, 2023년에는 가부키초에 도큐 가부키초 타워가 오픈할 예정이다.

신주쿠 관광 홈페이지 www.kanko-shinjuku.jp

신주쿠

신주쿠(新宿) 신주쿠

신주쿠 중앙 공원
新宿中央公園

🏛 힐튼 도쿄
ヒルトン東京

니시신주쿠역
西新宿駅

신주쿠역 서쪽 출입구
新宿駅西口

🏛 도쿄도청 전망대
東京都展望室

신주쿠 스미토모 빌딩
新宿住友ビル

도쿄도청
東京都庁

도쿄도청
東京都庁

신주쿠 노무라 빌딩
新宿野村ビル

신주쿠역
新宿駅

신주쿠 스미토모 빌딩
新宿住友ビル

신주쿠 센터 빌딩
新宿センタービル

오모이데 요코초
思い出横丁

신주쿠역 동쪽 출입구
新宿駅東口

🍴 피자 살바토레 쿠오모
Pizza Salvatore Cuomo

도쿄도청 직원 식당
東京都庁職員食堂

오모이데 요코초
思い出横丁

드러그 호리이
ドン・キホーテ

신주쿠 구청
新宿区役所

가부키초
歌舞伎町

🍴 우동 신
うどん慎

🏨 호텔 선루트 플라자 신주쿠
ホテルサンルートプラザ新宿

신세이신주쿠 빌딩
新宿新宿

🏛

스타벅스
Starbucks

맥도널드
McDonald's

신주쿠역
新宿駅

이세탄 백화점
伊勢丹

🍴 스기교쿠엔
杉玉

신주쿠 다카시마야 타임스 스퀘어
新宿高島屋本店

🍴 사카바 신주쿠
サカバ新宿

로손
Lawson

미나미신주쿠역
南新宿駅

신주쿠 이로도 신주쿠
新宿三丁目

무인양품
ルミネ1

🍴 Flags

신주쿠역
新宿駅

🍴 시나가와 신주쿠
シナガワ新宿

신주쿠 미로도
新宿三丁目

🍴 맥도널드
McDonald's

신주쿠 디카나 후류조 쿠루
新宿ディカナ

신주쿠 구교엔
新宿御苑

🍴 루미네 에스트 신주쿠
ルミネエスト新宿

신주쿠 산초메역
新宿三丁目駅

버스타 신주쿠
バスタ新宿

🍴 이치란 라멘
一蘭

🍴 신주쿠 사쿠라
新宿サザンテラス

베 세드로
ペッシェドーロ

🍴 프랑프랑
Francfranc

신주쿠 인
Newoman

🍴 뉴우먼
Newoman

스타벅스
スターバックス

디카시마야 타임스 스퀘어
高島屋タイムズスクエア

야쓰오 은행본점
八代銀行本店

엔쇼지
円照寺

신주쿠산초메역
新宿三丁目駅

신주쿠 교엔마에역
新宿御苑前駅

골든 가이
新宿ゴールデン街

🍴 제이오 지점
ジェイア

요요기역
代々木駅

요요기역
代々木駅

신주쿠 교엔
新宿御苑

미나미신주쿠역
南新宿駅

미나미(남쪽) 신주쿠

🍴 신주쿠 교엔마에역
新宿御苑前駅

• 이동하기 •

교통편 (JR선) 신주쿠역, (마루노우치선) 신주쿠역, 신주쿠산초메역, (도에이 신주쿠선) 신주쿠역, 신주쿠산초메역, (도에이 오에도선) 신주쿠역, 도초마에역, (오다큐 전철) 신주쿠역, (게이오 전철) 신주쿠역

여행법 신주쿠역에서 동쪽으로 나가려면 중앙동쪽·동쪽 출구, 서쪽으로 나가려면 중앙서쪽·서쪽 출구, 남쪽으로 나가려면 남쪽·남동쪽·신남쪽 출구·고슈카이도甲州街道·미라이나 타워 출구를 이용한다. 그리고 2020년 7월 신주쿠역 동쪽 출구와 서쪽 출구를 바로 연결하는 폭 25m, 길이 100m의 동서 자유 통로가 개통되어 개찰구를 통과해야 하는 불편함이 사라졌다.

신주쿠는 크게 3개의 구역으로 나눌 수 있다. 동쪽 지역은 이세탄 등 대형 백화점과 레스토랑, 다양한 숍이 많은 상업 지구이다. 세이부 신주쿠선과 신주쿠 산초메역이 이 구역에 있다. 서쪽 구역에는 도쿄도청과 고급 호텔을 비롯하여 수많은 고층 빌딩이 늘어서 있다. 이곳에는 오다큐선, 게이오선과 마루노우치선이 있다. 남쪽 구역에는 바스타 신주쿠, 신주쿠 다카시마야, 신주쿠교엔 등이 있다. 이곳에는 오다큐선, 오에도선, 신주쿠선, 게이오신선이 있다.

Best Course

신주쿠 추천 코스

신주쿠역 남쪽 출구
○
도보 10분
신주쿠교엔

○
도보 6분
이세탄 백화점
○
도보 5분
신주쿠 골든 거리

○
도보 6분
가부키초

○
도보 8분
오모이데 요코초
○
도보 13분
도쿄도청 전망대
○
도보 1분
도에이 오에도선 도초마에역

니시(서쪽) 신주쿠

마천루 지구라는 애칭이 있는 니시 신주쿠西新宿에는 사무실, 호텔, 금융 등 세련된 고층 건물군이 집중되어 있으며 유명한 건물으로는 도쿄도청과 모드 학원 코쿤 타워 등이 있다. 신주쿠역에서 서쪽에 위치해 있는데, 신주쿠역 서쪽의 빌딩 숲을 통틀어 보통 니시 신주쿠라고 부른다. 거리가 생각보다 약간 멀지만, 도보로 관광하면서 가기에는 충분한 거리이다.

신주쿠 서쪽 출구의 대표 명소
도쿄도청 전망대 東京都庁展望室 [도쿄도쵸텐보다이]

주소 東京都新宿区西新宿 2-8-1 위치 ❶ JR 신주쿠역 서쪽 출구 도보 10분 ❷ 마루노우치선 니시신주쿠역에서 도청 방면 연결 통로로 도보 10분 ❸ 도에이 오에도선 도초마에역에서 바로 시간 09:30~21:30(남쪽 전망대) / 북쪽 전망대는 코로나 백신 접종 센터 개설로 당분간 휴관 휴무 첫 번째·세 번째화요일, 연말연시 요금 무료 홈페이지 www.yokoso.metro.tokyo.lg.jp/tenbou 전화 03-5320-7890(평일 10:00~17:00)

도쿄도청 45층에 위치한 전망대는 지상 202m 높이에서 도쿄를 한눈에 내려다볼 수 있다. 전망대로 가려면 제1본청사 1층에서 전용 엘리베이터를 이용해야 한다. 타워에서는 도쿄의 주요 랜드마크인 스카이트리, 도쿄 타워, 도쿄만 등이 보인다. 전망대의 주변에는 사진 패널이 있어 타워에서 보이는 유명한 장소를 나타내고 있다. 전망대에서 경치가 가장 잘 보이는 시기는 공기가 차갑고 안개가 잘 끼지 않는 가을과 겨울의 이른 아침이다. 도쿄에는 여러 유명한 전망대가 있고 최근에는 도쿄 스카이트리나 시부야 스카이 등 높고 화려한 전망대들이 속속 등장하고 있지만, 무료로 이용하고 싶다면 도쿄도청 전망대가 최적의 전망대이다. 북쪽 전망대는 코로나 백신 접종 센터 개설로 휴관 중이고, 현재 출입이 가능한 곳은 남쪽 전망대뿐이다.

· 도쿄도청 전망대 ·
INSIDE

🍽 도쿄도청 직원 식당 東京都庁職員食堂 [토오쿄오토쵸오 쇼쿠인쇼쿠도오]

저렴한 가격의 정식을 비롯한 다양한 메뉴를 맛볼 수 있는 곳이다. 제1본청사 32층과 제2본청사 4층에 각각 1개씩 점포가 있고 32층 제1본청사에 있는 식당에서는 도쿄 시가지를 한눈에 내려다보며 식사를 즐길 수 있다. 단, 식당을 이용하려면 청사 1층 또는 2층에서 출입 절차를 밟아야 한다.

휴무 토·일요일, 공휴일, 연말연시

Tip. 그 밖의 신주쿠 전망대

신주쿠 스미토모 빌딩 新宿住友ビル [신주쿠 스미토모비루]

삼각 빌딩이라는 애칭으로 불리는 스미토모 빌딩은 48층부터 꼭대기 52층에 위치한 스카이 식당가에 유명 레스토랑들이 있다. 식당가 중심의 51층 전망 로비에는 후지산을 바라볼 수 있다.

주소 東京都新宿区西新宿 2-6-1 新宿住友ビル 51 F 위치 ❶ 도에이 오에도선 도초마에역에서 바로 ❷ JR 신주쿠역 서쪽 출구에서 도보 7분 시간 10:00~22:00 휴무 2월 1일, 8월 네 번째 일요일 요금 무료 전화 03-3344-6941

신주쿠 센터 빌딩 新宿センタービル [신주쿠센타아비루]

신주쿠역에서 가장 가까운 초고층 빌딩이다. 교통편이 좋아 찾아가기 쉽다. 53층에 위치한 전망 로비는 남쪽 방향으로 전망이 트여 있어 도쿄 타워, 도쿄만, 요코하마 랜드마크 타워 그리고 2020년 올림픽을 위해 건축하고 있는 국립 경기장의 모습을 볼 수 있다.

주소 東京都新宿区西新宿 1-25-1 新宿センタービル 53F 위치 JR 신주쿠역 서쪽 출구에서 도보 8분 시간 08:00~23:00 휴무 2월·8월 첫 번째, 네 번째 토·일요일 요금 무료 전화 03-3345-1281

신주쿠 노무라 빌딩 新宿野村ビル [신주쿠 노무라비루]

약 200m 높이의 전망실에서 서쪽에 펼쳐진 도쿄가 한눈에 보이고 멀리 후지산도 보인다. 의자가 비치된 로비에서 여유롭게 쉴 수도 있다. 49층과 50층에는 스카이 레스토랑이 있고, 지하 1층 레스토랑 구역인 성큰가든과 서북쪽 공용 테라스도 이용하기 좋다.

주소 東京都新宿区西新宿 1-26-2 新宿野村ビル 49, 50F 위치 ❶ JR 신주쿠역 서쪽 출구에서 도보 6분 ❷ 마루노우치선 니시신주쿠역에서 도보 4분 시간 11:30~23:30 휴무 부정기 요금 무료 전화 03-3348-1662

Tip. 신주쿠 아일랜드 타워 LOVE 오브제

신주쿠 아일랜드 타워 정면에 가면 한눈에 보이는 것이 'LOVE'라고 적힌 오브제이다. 미국의 현대 미술가 로버트 인디애나의 작품이다. 센스 있는 작품으로 기념 촬영지로 유명하고, 일본 드라마 〈GTO〉, 〈이상적인 결혼〉 등의 촬영지이기도 하다. 그리고, 'LOVE'의 'V'와 'E'의 문자 사이를, 몸이 닿지 않고 통과하면 사랑이 이루어진다는 도시 전설이 있다.

도심 속 오아시스
신주쿠 중앙 공원 新宿中央公園 [신주쿠주오코엔]

주소東京都新宿区西新宿 2-11 위치 ❶도에이 오에도선 도초마에역 A5 출구에서 도보 1분 ❷JR 신주쿠역 서쪽
출구에서 도보 10분 홈페이지 parks.prfj.or.jp/shinjuku 전화03-5273-3914

원래 이곳은 공원에 인접해 있는 구마노 신사의 일부였고, 제2차 세계 대전 이전에는 코니카 미놀타 공장 부지이기도 했다. 전후 신주쿠 부도심 계획의 일환으로 요도바시 정수장의 철거와 함께, 니시 신주쿠에 근무하는 직장인들의 휴식처로 정비됐다. 공원 북쪽에는 신주쿠 구립 환경 학습 정보 센터와 신주쿠 구립 구민 갤러리의 복합 시설인 에코 갤러리 신주쿠가 있다. 면적은 8만 8,065㎡이며, 신주쿠 구

내 녹지 가운데 신주쿠교엔, 메이지 신궁 외원, 도야마 공원에 버금가는 면적으로 신주쿠 구립 공원 중에서 가장 넓다. 공원 안에 폭포도 있어 여행자가 잠시 쉬어 갈 만한 정도의 경관이다.
2020년 7월, 신주쿠 중앙 공원에 새롭게 오픈한 슈쿠노비SHUKNOVA는 식당, 카페, 피트니스 클럽 등이 입점한 복합 쇼핑몰이다. 복잡한 신주쿠에서 잠시 벗어나 휴식을 즐길 수 있다.

추억의 거리
오모이데 요코초 思い出横丁 [오모이데 요코초오]

주소東京都新宿区西新宿 1-1-1 위치 JR 신주쿠역 서쪽 출구에서 도보 3분 시간08:00~24:00(가게마다 다름)
휴무가게마다 다름 홈페이지 shinjuku-omoide.com

가드레일 주변으로 술집이 늘어선 거리다. 신주쿠역 서쪽 출구에서 오다큐 하루쿠 앞 북쪽 방향으로 조금 더 가면 보인다. 이름 그대로 추억의 거리를 뜻하는 오모이데 요코초는 전쟁 직후인 1946년의 암시장을 시작으로 형성됐다. 초창기에는 의류나 비누를 파는 노점상들이 있었으나 지금은 옛 시절을 떠오르게 하는 술집들이 좁은 골목에 모여 있다. 꼬치구이(야키토리)를 전문으로 하는 선술집들이 많은데, 거의 식탁 없이 카운터만 있다.

미나미(남쪽) 신주쿠

신주쿠역 남쪽 지역은 낡은 민가와 여관, 개인 상점들이 얽혀 있던 예전 모습과는 달리 지금은 재개발을 통해 초고층 빌딩과 다카시마야 타임 스퀘어 같은 백화점이 차례로 건설되었다. 또한 니시(서쪽) 신주쿠에 흩어져 있던 여러 고속버스 승강장이 한자리에 모인 초대형 버스 터미널인 바스타 신주쿠가 개업했다.

동서양의 정원이 어우러진 곳

신주쿠교엔 新宿御苑 [신주쿠교엔]

주소 東京都新宿区内藤町 11 **위치 ❶** 마루노우치선 신주쿠교엔마에역 1번 출구에서 도보 5분 **❷** JR 신주쿠역 동남쪽 출구에서 도보 10분 **시간** 09:00~16:30(10월 1일~3월 14일), 09:00~18:00(3월 15일~9월 30일), 09:00~19:00(7월 1일~8월 20일) ※ 입장은 폐장 30분 전까지 **휴무** 매주 월요일(월요일이 휴일인 경우에는 다음 평일), 연말연시(12월 29일~1월 3일), 12월 29일~1월 3일 ※ 특별 개장일: 3월 25일~4월 24일, 11월 1일~11월 15일 **요금** 일반 500엔, 65세 이상 및 학생(고등학생 이상) 250엔, 어린이(중학생 이하) 무료 ※공식 홈페이지에서 웹 티켓(일반 입장권 500엔에 한함, 구입일로부터 6개월간 유효)을 사전 구매할 수 있음. 웹 티켓을 스마트폰에서 QR 코드로 제시하면 티켓 구입 창구 앞에 줄을 서지 않고 바로 입장 가능.

신주쿠교엔은 복잡한 신주쿠역 주변에서 잠시 벗어나 조용한 시간을 보낼 수 있는 넓은 정원으로 신카이 마코토의 애니메이션 〈언어의 정원〉에 등장하여 우리에게 더 많이 알려졌다. 프랑스식 정원, 영국식 정원, 일본식 정원의 세 구역으로 나뉘어져 있고, 각각의 특성과 매력이 있다. 골든가이, 가부키초도 도보로 이동하기 쉬우니 정원에서 휴식을 취한 후 저녁을 즐기기에도 좋다. 〈언어의 정원〉에 등장하는 정자는 노후화로 출입 금지된 상태이다.

규고로테이 旧御凉亭

'규고로테이'는 일본에 얼마 없는 제대로 된 중국식 건축물 중의 하나로 1927년 쇼와 천황의 혼인을 기념해서 대만 거주 일본인 유지들에 의해 건축되었다. 규고로테이의 별칭이 대만각이라 불린 것처럼 중국 남방 지방의 건축양식을 가지고 있다. 건축 재료도 대만에서 조달한 것을 많이 사용하고 있다.

 라쿠우테이 楽羽亭

일본 정원 매화숲 안에 있는 찻집이다. 격조 높은 일본풍 건물과 정원이 특징인 곳으로 일본의 수수하고 정적인 매력이 느껴지는 공간이다. 찻집에서는 계절별로 메뉴가 달라지는 화과자와 함께 제공되는 말차를 700엔에 즐길 수 있다. 이용 시간은 10시부터 17시까지다. 미리 신청하면 찻집을 빌리는 것도 가능하다.

 신주쿠의 핫한 쇼핑몰
뉴우먼 NEWoMan [뉴우맨]

주소 東京都新宿区新宿 4-1-6 위치 ❶ JR 신주쿠역 미라이나 타워 출구, 고슈 가도 개찰, 신남쪽 출구에서 바로 ❷ 도에이 신주쿠선·오에도선, 게이오신선 신주쿠역에서 도보 5분 ❸ 후쿠도신선 신주쿠산쵸메역에서 도보 3분 홈페이지 www.newoman.jp/shinjuku 전화 03-5334-0550

2016년 3월 JR 신주쿠역 신남쪽 출구에 오픈한 뉴우먼은 신주쿠에서 젊은 여성들이 가장 선호하는 쇼핑몰로서 최신 트렌드를 그대로 반영한 곳이다. 신주쿠역과도 바로 연결되어 있어 접근성도 매우 좋은 데다가 인기 있는 브랜드들이 다수 입점되어 있고, 건물 내부도 평범한 쇼핑몰과는 차별화된 모던하고 세련된 디자인을 갖추었다. 인기 있는 카페인 블루보틀, 아침 7시부터 다음 날 새벽 4시까지 세련된 다이닝을 즐길 수 있는 푸드홀까지 관광객들에게 사랑받을 수 있는 조건을 모두 갖춘 곳이다.

식사와 쇼핑을 즐길 수 있는 거대 터미널
바스타 신주쿠 バスタ新宿 [바스타 신주쿠]

주소 東京都渋谷区千駄ヶ谷 5-24-55 위치 JR 신주쿠역 신남쪽 출구에서 2분 홈페이지 shinjuku-buster
minal.co.jp

2016년 오픈한 바스타 신주쿠는 일본 도쿄와 지방을 잇는 최대 규모의 버스 터미널이다. 버스 터미널은 4
층에, 택시 승강장은 3층에 위치해 있다. 엘리베이터와 에스컬레이터 시설을 갖추고 있으며 신주쿠역 신남
쪽 출구의 바로 건너편에 있어 이동하기에도 쉽다. 주변에 루미네, 뉴우먼 등의 쇼핑몰도 가까이 있으며, 신
축 건물의 1층에는 맛집들이 모여 있어 미식 여행을 하기도 좋다.

쇼핑의 새로운 메카로 자리 잡은 곳
플래그스 Flags

주소 東京都新宿区新宿 3-37-1 위치 JR 신주쿠역 동남쪽 출구에서 바로 시간 11:00~22:00(매장), 11:00
~23:00(타워 레코즈) 휴무 가게마다 다름 홈페이지 www.flagsweb.jp 전화 03-3350-1701

신주쿠역 동남쪽 출구 옆에 위치한 신주쿠 플래그스는 빌딩 중앙부에 대형 비전이 있어서 만남의 장소로 자
주 이용된다. 이 플래그스가 1998년 개업 이후 최초의 대규모 리뉴얼을 거쳐 2022년 12월 1일 재개장했
다. 이번 리뉴얼로 2022년 10월 28일 유니클로가 개점했고, 로스앤젤레스에 본사를 둔 셀렉트 숍 '아메리
칸 랙시AMERICAN RAG CIE'가 4년 만에 컴백 출점했으며, 국내외를 불문하고 많은 팬을 가진 시계 브랜드
'티쏘 해밀턴TISSOT/HAMILTON'이 오픈했다. 또한 2층 입구 옆 '팝업 스페이스'에는 '파크 원 컬러Parc.1
color'를 비롯한 패션 및 잡화 매장을 새로 열었다. 스포츠 셀렉트 숍 '오쉬맨즈OSHMAN'S'는 어느 가게보
다도 매장 면적이 넓고, 취급하는 아이템 수도 많으니 오쉬맨즈를 좋아한다면 꼭 방문해 보길 추천한다. 7
층부터 10층까지 이어지는 '타워 레코드'에서는 CD나 DVD 외에도 콜라보 아이템, 의류 상품 등을 판매하
며 다양한 이벤트가 열린다.

쇼핑의 모든 것이 결집된 곳
루미네 1, 2 ルミネ新宿 [루미네 신주쿠]

주소 新宿区西新宿 1-1-5(루미네1) / 新宿区新宿 3-38-2(루미네2) 위치 ❶ JR, 오다큐선, 게이오선 신주쿠역 남쪽 출구에서 도보 1분 ❷ 게이오선 신주쿠역 루미네 출구와 직통 ❸ 게이오선, 도에이 신주쿠선·오에도선 신주쿠역 게이오신선 출구에서 도보 1분 시간 11:00~21:00 휴무 부정기 홈페이지 www.lumine.ne.jp 전화 03-3348-5211

루미네는 타깃층이 '20대부터 30대 초반까지의 직장인, 자신만의 멋을 즐길 줄 아는 여성'으로 명확하다. 여기에 쇼핑을 더해 새로운 라이프스타일을 제시하는 문화 공간이기도 하다. 루미네1에는 패션 아이템이나 인테리어 잡화, 드럭 스토어 등 다양한 가게가 입주해 있고, 특히 패션 관련 매장이 압도적으로 많다. 20~30대 여성에게 특히 인기가 높은 추천 쇼핑 장소이다. 루미네2는 공식적으로 루미네1와 함께 '루미네 신주쿠'라고 부르는데 루미네2에도 루미네1와 같은 패션 아이템이나 인테리어 잡화, 음식점 등의 가게가 다수 입주해 있어, 세련된 아이템을 찾는 이들에게 추천할 만하다.

산책로를 따라 조성된 식사와 쇼핑의 명소
신주쿠 서던 테라스 新宿サザンテラス [신주쿠 사잔테라스]

주소 東京都渋谷区代々木 2丁目 위치 JR 신주쿠역 신남쪽 출구에서 도보 1분 홈페이지 www.southern terrace.jp/floorguide

신주쿠 최대의 산책로 지역인 서던 테라스는 신주쿠역, 오다큐 호텔 서던 타워, 다카시마야 타임 스퀘어로 둘러싸인 길이 350m의 상업 지구이다. 산책로를 따라 오픈 카페와 숍이 늘어서 있어, 산책하면서 쇼핑이나 차를 즐길 수 있다. 해마다 겨울 시즌이 찾아오면 산책로 전체에 일루미네이션이 개최된다.

🍴 페셰도로_신주쿠 서던 테라스 ペッシェドーロ

이탈리아 밀라노의 이미지를 내세운 가게로 이탈리아 요리와 와인을 저렴한 가격으로 즐길 수 있다. 칠판에 손으로 쓴 메뉴가 그날의 추천 메뉴이다. 휴일에도 런치를 먹을 수 있으며 1,000엔 전후의 비교적 합리적인 가격인데도 양이 많아서 인기가 높다. 파스타나 피자, 스위트 등 어느 메뉴를 선택해도 후회하지 않은 곳이다.

시간 11:00~23:00 휴일 연중무휴 홈페이지 www.giraud.co.jp 전화 03-3375-0510

🧺 프랑프랑 フランフラン, Franc Franc

새로운 패션의 잡화나 가구를 판매하는 프랑프랑은 귀엽고 예쁜 소품이나 인테리어를 좋아하는 여행자라면 들러 볼 만한 곳이다. 예쁜 수세미, 식판, 수저, 티스푼 등 쇼핑 목록에 채워 넣기 좋은 소품이 가득하다.

시간 11:00~20:00 휴일 연중무휴 홈페이지 francfranc.com 전화 03-4216-4021

☕ 스타벅스 서던 테라스점 スターバックス

개점 시간부터 폐점 시간까지 학생이나 직장인 등 다양한 사람들이 항상 붐비는 곳이다. 전망이 좋은 테라스석이 많아서 날씨가 좋은 날에는 잠시 휴식을 취할 수 있다. 이 스타벅스는 계절 한정 메뉴를 자주 제공하고 있기 때문에, 새로운 메뉴가 나올 때마다 방문객이 계속 이어진다.

시간 07:00~22:30 휴일 연중무휴 홈페이지 www.starbucks.co.jp 전화 03-3370-3255

쉐이크쉑_신주쿠 서던 테라스 シェイク シャック

뉴욕에 본사를 둔 햄버거 가게 '쉐이크쉑 신주쿠 서던 테라스'는 서던 타워 1층에 위치해 있다. 실내 좌석외에 바깥의 테라스석도 준비되어 있다. 메뉴는 햄버거나 핫도그, 감자튀김, 알코올을 포함한 음료를 판매하고 있다. 특히 인기 있는 메뉴는 햄버거로, 두툼한 패티가 육즙이 풍부하고 볼륨 만점이라고 호평을 받고 있다.

시간 11:00~22:30 **휴일** 연중무휴 **홈페이지** shakeshack.jp **전화** 03-6276-1403

 신주쿠 남쪽 출구의 대표 쇼핑몰
다카시마야 타임스 스퀘어 高島屋タイムズスクエア [타카시마야타이무즈스쿠에아]

주소 東京都渋谷区千駄ヶ谷 5-24-2 **위치 ❶** JR 신주쿠역 신남쪽 개찰구, 미라이나 타워 개찰구에서 도보 2분 **❷** 도에이 신주쿠선·오에도선, 게이오신선 신주쿠역에서 도보 5분 **❸** 후쿠토신선 신주쿠산초메역에서 도보 3분 **시간** 10:30~19:30 **휴일** 부정기 **홈페이지** www.takashimaya.co.jp/shinjuku/index.html **전화** 03-5361-1111

신주쿠역과 바로 연결되는 신주쿠 다카시마야 백화점은 유니클로나 니토리 같은 패스트패션부터 도큐 핸즈 같은 대형 라이프 스타일 전문점, 루이뷔통이나 구찌 등 고급 명품점까지 다양한 매장이 입점해 있다. 지하의 푸드 코너 외에도 12층부터 14층까지 3개층에 걸쳐 식당가가 있는데 유명 맛집이 많다. 13층의 화이트 가든 테라스에서는 신주쿠를 한눈에 볼 수 있다. 남관에는 기쿠노니야 서점도 자리 잡고 있다.

젊은 여성들을 대상으로 꾸며진 쇼핑몰
신주쿠 미로드 新宿 ミロード [신주쿠 미로오도]

주소 東京都新宿区西新宿 1-1-3 위치 JR 신주쿠역 남쪽 출구에서 바로 시간 11:00~21:00 휴무 부정기 홈페이지 www.odakyu-sc.com/shinjuku-mylord 전화 0570-003610

신주쿠 니시구치와 남쪽 출입구를 잇는 모자이크 거리와, 신주쿠역 남쪽 출입구와 바로 연결된 미로드 본관으로 구성된 상업 시설이다. 패션이나 코스메틱, 기프트 숍, 레스토랑과 카페를 포함한 120곳 이상의 전문점이 있다. 7층과 8층은 맛집이 많기로 유명하다. 미쉐린이 인정한 샌프란시스코를 기반으로 한 일본 라멘 가게 '멘쇼 샌프란시스코MENAHO SAN FRANCISCO', 일본 돈카츠의 정석이라고 하는 와코가 이곳에 있다.

아시아의 포장마차 마을, 사나기
 # 사나기 신주쿠 サナギ 新宿 [사나기 신주쿠]

주소 東京都新宿区新宿 3-35-6 위치 JR 신주쿠역 동남쪽 출구에서 도보 2분 시간 11:00~23:00 홈페이지 sanagi.tokyo 전화 03-5357-7074

2016년 12월에 문을 연 사나기 신주쿠는, 음식을 중심으로 이벤트와 문화가 융합되어 있는 카페 & 크리에이티브 공간이다. 일본식 포장마차를 현대적으로 해석해서 꾸미고, 로티세리와 딤섬 등 아시아 각국의 맛을 만나볼 수 있는 푸드 라운지이다.

히가시(동쪽) 신주쿠

신주쿠역 동쪽 지역은 일본 제일의 번화가이다. 전통 백화점과 음식점들이 밀집해 있어 밤낮을 가리지 않고 모여드는 인파로 북적인다. 역 동쪽 출구 근처에 있는 스튜디오 알타나 중앙 동쪽의 코반 신주쿠는 유명한 만남의 장소이다. 그래서 저녁 퇴근 시간이면 매우 혼잡하다. 이세탄(본관, 남성관), 마루이(5관), 루미네 이스트, 신주쿠 서브나드 등 신주쿠를 대표하는 백화점과 쇼핑센터가 이곳에 모여 있다.

100년 이상의 역사를 지닌 백화점
이세탄 백화점 伊勢丹 [이세탄]

주소 東京都新宿区新宿 3-14-1 위치 ❶ 마루노우치선 신주쿠산초메역에서 도보 1분 ❷ 후쿠토신선 신주쿠산초메역에서 도보 2분 ❸ 도에이 신주쿠선 신주쿠산초메역에서 도보 3분 ❹ 세이부 신주쿠선 세이부신주쿠역에서 도보 5분 ❺ JR 신주쿠역 동쪽 출구에서 도보 5분 ❻ 오다큐선, 게이오선 신주쿠역에서 도보 7분 ❼ 도에이 오에도선 신주쿠 니시구치역에서 도보 10분 시간 10:00~20:00(본관 7층 레스토랑 층에 한해 11:00~22:00) 휴일 부정기 홈페이지 www.mistore.jp/store/shinjuku.html 전화 03-3352-1111

1886년 시작된 오래 역사를 간직한 대표적인 백화점이다. 특히 신주쿠 이세탄은 도쿄의 패션, 트렌드를 일본의 곳곳으로 전파한 곳이다. 이곳 본관은 지하 2층부터 지상 7층까지로 구성되어 있으며 의류와 화장품, 식료품, 잡화 등 일본을 대표하는 브랜드를 비롯해 다양한 상품을 취급한다. 대대적인 리뉴얼 후 2019년 11월 새롭게 오픈한 화장품 플로어는 매장이 본관 1층과 2층으로 넓게 확장되었다. 지하 2층 뷰티 아포테케리 플로어를 포함하면 3개 층이 된다. 1층의 티스트 메이크 존에서는 11개 브랜드의 메이크업 아티스트들로부터 레슨이나 어드바이스, 메이크업 동영상을 다운로드할 수 있는 서비스를 제공한다. 본관 지하 1층 식료품 매장은 신선 식품과 도시락, 반찬류, 빵, 화과자, 주류 등 일본 각지의 유명 제품들이 다양하게 모여 있어 특히 유명하다.

약속 장소의 상징이 된 곳
스튜디오 알타 STUDIO ALTA, スタジオ アルタ [스튜디오 아루타]

주소 東京都新宿区新宿 3-24-3 위치 ❶ 마루노우치선, 도에이 신주쿠선 신주쿠산초메역 E1, E2 출구에서 도보 2분 ❷ JR 신주쿠역 동쪽 출구에서 도보 12분 홈페이지 www.studio-alta.co.jp 전화 03-3350-1200

신주쿠역 동쪽 출구의 약속 장소로 유명한 신주쿠 알타는 정식으로는 '신주쿠 다이비루'라고 부른다. 신주쿠 알타의 '알타'는 'alternative(대안)'를 뜻하며, '기존의 물건에 대한 새로운 물건', '항상 새로운 물건을 발신한다'라는 의미로 이름이 붙여졌다. 빌딩 전면에 일본 최대급인 풀 하이비전인 알타비전이 있다. 20대 여성들을 주 고객으로 하는 패션, 잡화점, 음식점, 편의점 등이 지하 2층에서 7층까지의 빌딩 안에 입주해 있으며 7층에는 스튜디오 알타가 있다.

여성들이 좋아할 만한 상품이 가득한 곳
루미네 이스트 신주쿠 ルミネエスト新宿 [루미네에스토 신주쿠]

주소 東京都新宿区新宿 3-38-1 위치 JR 신주쿠역 중앙동쪽 혹은 동쪽 출구에서 도보 1분 시간 평일 11:00~21:30, 토·일요일·공휴일 10:30~21:30 휴일 부정기 홈페이지 www.lumine.ne.jp/korean/?shop=est 전화03-5269-1111

신주쿠역 동쪽 입구와 바로 연결되어 있다. 패션이나 잡화, 카페나 레스토랑 등 많은 상점이 입주해 있고, 젊은층에 인기 있는 쇼핑 빌딩이다. 7, 8층은 주로 카페, 레스토랑 등의 음식점이 많이 입주해 있다. 루미네 이스트의 콘셉트가 유행에 민감하고 화제의 디저트나 패션 등을 빠르게 제공하는 것이니, 새롭고 다양한 상품을 찾는다면 루미네 이스트를 방문해 보자.

3D처럼 보이는 고양이 동영상
신주쿠 동쪽 출구의 고양이 新宿東口の猫 [신주쿠 히가시구치노 네코]

주소 東京都新宿区新宿 3-23-18 クロス新宿ビル屋上 위치 JR 신주쿠역 동쪽 출구에서 도보 1분 홈페이지 www.omnibusjp.com/shinjuku3dcat/index_en.html

신주쿠역 동쪽 출구의 새로운 볼거리로 등장한 삼색 고양이가 있다. 팬들 사이에서 거대한 고양이 혹은 삼색 고양이로 불리는 이 고양이는 크로스 신주쿠 비전이 제작했다. 광고 화면이 곡면으로 되어 있어 3D로 보인다. 2021년 7월에 등장한 이 고양이는 아침에 일어나서 밤에 잠자리에 들 때까지 한 시간에도 여러 번 등장해서 꼬리를 흔들기도 하고 귀를 쫑긋 세우기도 한다. 경찰 모자를 쓰고 등장하는 모습이 귀여워, 수많은 사람들이 고양이가 등장하기를 기다린다.

150년 역사의 과일 전문점
신주쿠 다카노 후르츠 팔러 新宿高野本店 [신주쿠 다카노 혼텐]

주소 東京都新宿区新宿 3-26-11 5F 위치 JR 신주쿠역 동쪽 출구에서 도보 1분 시간 11:00~20:00 휴무 부정기 홈페이지 takano.jp/parlour 전화03-5368-5147

신주쿠역 동쪽 출구에서 도보로 약 2분 거리에 있는 신주쿠 다카노는 1885년에 개업해서 약 150년의 역사를 지닌 과일 전문점이다. 일반적인 과일부터 고급 과일까지 폭넓게 취급하고 있는데 본점 5층에는 신선하고 향기로운 과일을 이용한 디저트 카페인 '후르츠 팔러'와 과일 뷔페인 '후르츠 바'가 있다. 신주쿠의 오래된 점포로서 잡지나 방송에 소개되어 있어 방문해 보기를 추천한다.

기타(북쪽) 신주쿠

신주쿠역의 북쪽 가부키초 방면은 음식점과 호텔이 늘어서 있어 거대한 환락가를 형성하고 있다. 신주쿠 골든 거리도 이 가부키초에 있다. 가부키초의 북쪽에는 도쿄 한류의 중심지인 신오쿠보 지역이 있다.

잠들지 않는 거리
가부키초 歌舞伎町 [카부키초]

주소 新宿区歌舞伎町 **위치** ❶ 마루노우치선, 후쿠토신선 신주쿠산초메역에서 도보 1분 ❷ JR 신주쿠역 동쪽 출구에서 도보 5분 **홈페이지** www.kabukicho.or.jp/?lang=jp

신주쿠역 동쪽 출구에서 북쪽으로 가다보면 돈키호테 본점 앞에 야스쿠니도리가 나온다. 그 너머가 가부키초다. 이곳은 식당, 클럽, 술집, 가라오케, 파친코, 서점 등이 몰려 있는 환락가로 유명하다. 지명의 유래는 흔히 알려진 일본 전통극의 하나인 가부키이다. 1940대 후반 제2차 세계 대전 때 도쿄 대공습으로 파괴된 도쿄를 재건할 때 이 지역에 가부키 극장을 짓기로 계획되면서 이름이 가부키초가 되었는데, 정작 가부키 극장 계획은 재정 문제로 취소되어 이름과 실제가 다른 것이 되었다. 전반적으로 치안은 안전하지만, 호객꾼이나 무료 안내소라고 쓰인 가게는 조심해야 한다.

옛 모습을 간직한 거리
골든 거리 ゴールデン街 [고르덴가이]

주소 東京都新宿区歌舞伎町 위치 JR 신주쿠역 동쪽 출구에서 도보 8분 홈페이지 www.goldengai.net

가부키초를 지나 동쪽으로 가면 신주 쿠 구청과 하나조노 신사 사이에 옛 모 습을 간직한 음식점 거리 '신주쿠 골든 거리'가 있다. 제2차 세계 대전 후에 세 워진 목조 연립주택에 점포가 빽빽이 들어찬 모습이 마치 성냥갑 같다. 작가 와 저널리스트가 모이는 거리로도 알 려져 있는 골든 거리는 150채에 가까 운 대부분의 가게가 내부는 카운터만 설치해 10여 명이 들어갈 공간만으로 영업을 한다.

신주쿠의 상징인 고질라 헤드가 있는 빌딩
신주쿠 토호 빌딩 新宿東宝ビル [신주쿠 토호 비루]

주소 東京都新宿区歌舞伎町 1-19-1 위치 JR 신주쿠역 동쪽 출구 에서 도보 5분 홈페이지 shinjuku-toho-bldg.toho.co.jp 전화 050-6868-5063(토호 시네마즈)

엔카로 유명했던 신주쿠 코마 극장과 신주쿠 플라자 극장이 철 거된 터에 세워져 2015년 오픈한 신주쿠 토호 빌딩은 기타(북 쪽) 신주쿠 지역의 새로운 명소이다. 1층에는 관광객을 위한 각 종 레스토랑이 있으며, 3~6층에는 토호시네마즈극장이, 8층부 터는 호텔 그레이서리 신주쿠가 자리 잡고 있다. 8층 야외 테라 스에는 신주쿠의 상징이라고 하는 '고질라 헤드'가 있으며, 8층 의 카페 '봉주르'에서는 고질라를 형상화한 '고질라 케이크'도 판매하고 있다. 이 고질라 헤드는 오후 12시부터 저녁 8시까지 매시 정각에 울부짖는다.

Tip. 신주쿠 WE 버스 新宿WEバス

게이오 버스가 운행하는 신주쿠 순환 버스이다. 신주쿠역 서쪽 출구를 기점으로 신주쿠역 주변의 명소와 인 기 호텔 등을 둘러보는 버스이다. 버스는 천장이 달린 특별 사양이며, 신주쿠 고층 빌딩군과 네온을 즐기면서 이동할 수 있다. 100엔으로 부담 없이 탈 수 있고, 하루에 몇 번이라도 승하차할 수 있는 1일 승차권도 있다.

빈티지와 카페의 거리

시모키타자와 下北沢

보통 '시모키타'라고 불리는 시모키타자와는 도쿄 세타가야구 북쪽 지역의 교통 중심지로 시부야, 신주쿠, 기치조지와의 접근 성이 좋다. 오다큐선과 게이오 이노카시라선이 교차하는 시모 키타자와역을 중심으로 작은 카페들과 중고품을 리폼해서 판매 하는 후루기(구제) 가게들이 모여 있다. 또한 혼다 극장이나 에 키마에 극장, 라이브 하우스 등의 문화 시설이 위치해 있어 '연 극의 거리' 또는 '음악의 거리'로도 불린다. 코로나 기간 이후로 시부야와 함께 가장 많은 변화가 이뤄져 역을 중심으로 새로운 상업 시설들이 들어서면서, 도쿄에서 '젊음의 거리'는 이제 하라 주쿠에서 시모키타자와로 바뀌어 가고 있다.

시모키타자와 관광 참고 홈페이지 www.burari-shimokitazawa.com

교통편 (오다큐선, 게이오 이노카시라선) 시모키타자와역
여행법 오다큐선 시모키타자와역 복선 공사가 2019년 3월에 완공되어, 남서쪽 출구와 오다큐 중앙 출 구, 동쪽 출구는 오다큐선으로, 게이오 중앙 출구와 서쪽 출구는 게이오선으로 출구가 정리되었다.
시모키타자와역을 중심으로 서남쪽으로 나가면 보너스 트랙이, 동북쪽에는 리로드가 자리 잡고 있고, 북 쪽에 작은 카페들과 구제 가게들이 흩어져 있다. 신주쿠와 비교하면 매우 작은 지역이지만 아직도 전쟁 전의 좁은 골목길들이 남아 있어 계획 없이 여행하면 방향을 찾지 못하고 헤매는 경우가 많다. 시모키타 자와 여행의 핵심은 구제 쇼핑, 정감 있는 작은 카페들, 맛집(카레) 여행이다. 신주쿠와 묶어 함께 돌아보 는 일정이라면 시간 조절이 필요하다.

시모키타코지 しもきた小路
시모키타니시구치도리 しもきた西口通り
시모키타사쿠라지카 下北沢板坂
시모키타 역전 도리 下北沢駅前通り
시모키타오챠메도리 しもきたおちゃめ通り
시모키타 미나미구치 상점가 下北沢南口商店街
시모키타햐앗카도리 しもきた百花通り
시모키타와 이치방가이 下北沢一番街

믹스처 베이커리 카페
Mixture Bakery Cafe

로손
Lawson

아빌 카페
Abill Cafe

도온치노 다마고
とよんちのたまご

룩 업 커피
LOOK UP COFFEE

유레카
eureka

기타자와
北沢

리로드
reload

선데이 브런치
Sunday Brunch

스타벅스
Starbucks

시모키타사쿠라지카

서모키타 선로 거리 아키치
下北線路街 空き地

더 유주얼
The Usual

고하제
こはぜ珈琲

시모키타와 파출소
下北沢交番

카페 네구라
喫茶ネグラ

프레시니스 버거
Freshness Burger

동양 백화점
東洋百貨店

빌라지 뱅가드
VILLAGE VANGUARD

기타자와 타운 홀
北沢タウンホール

징크
ジンク

시모키타자와역
下北沢駅

미칸 시모키타
ミカン下北

혼다 극장
本多劇場

스즈나리
ザ・スズナリ

시모키타 에키우에
シモキタエキウエ

유니클로
Uniqlo

난반테이
なんばん亭

카페 자크
Café Zac

보너스 트랙
BONUS TRACK

모이스 카페
Mois Cafe

시모키타자와

Best Course

시모키타자와 추천 코스

시모키타자와역
⊕
도보 10분

보너스 트랙
⊕
도보 10분

동양 백화점
⊕
도보 2분

룩 업 커피
⊕
도보 3분

시모키타자와 선로 거리 아키치

⊕
도보 2분

리로드
⊕
도보 4분

시모키타자와역

역 내에서 식사와 휴식을 취할 수 있는 공간
시모키타 에키우에 シモキタエキウエ [시모키타 에키우에]

주소 東京都世田谷区北沢 2-24-2 위치 오다큐센, 이노카시라선 시모키타자와역 구내 개찰구 밖 홈페이지 www.odakyu.jp/guide/shopping/shimokitaekiue/index.html

오타큐센 시모키타자와역 복선 공사가 완공된 후, 그 플랫폼 바로 위에 자리 잡은 시설이 시모키타 에키우에이다. 닭꼬치, 독일 맥주와 빵, 태국 음식, 스타벅스 등 총 16개의 점포가 들어섰다. 역사의 남쪽에는 카페와 라운지 공간이 있는 테후와 K2 시모키타 에키마에 시네마가 있다. 역이 정비되면서, 시모키타자와 지역을 돌아본 뒤 잠시 쉴 수 있는 공간이 마련되었다는 것이 가장 큰 이점이다.

재개발로 생겨난 핫 플레이스
시모키타 선로 거리 아키치 下北線路街 空き地 [시모키타 센로가이 아키치]

주소 東京都世田谷区北沢 2-33-12 위치 오다큐센, 이노카시라선 시모키타자와역 동쪽 출구에서 도보 4분 시간 08:30~22:00(아키치 카페 08:30~21:30) 홈페이지 senrogai.com/akichi

시모키타자와역 동쪽 출구 근처에 있는 시모키타 선로 거리 아키치는 오타큐센의 선로가 지하로 들어가고 지상 선로를 철거한 곳에 재개발을 진행하면서 생겨났다. 낮에는 가족끼리 함께 나온 사람들로 붐비고, 밤에는 현지 대학생들이나 근처의 게스트 하우스에 숙박하는 사람들이 모여 편안한 시간을 보낼 수 있다. 주말에는 다양한 이벤트가 개최되는 공간이 있고, 음식이나 음료를 먹을 수 있는 공간이 있기 때문에, 날씨가 좋은 날에는 방문해 볼 만하다.

 시모키타자와의 새로운 상업 시설
미칸 시모키타 ミカン下北 [미칸 시모키타]

주소 東京都世田谷区北沢 2-11-15 위치 오다큐선, 이노카시라선 시모키타자와역 출구에서 바로 시간 업체마다 다름 홈페이지 mikanshimokita.jp

시모키타자와에서 가장 큰 변화가 시모키타자와역 건너편에 들어선 미칸 시모키타로, 새로운 상업 시설로 주목받고 있다. 태국 음식, 베트남 쌀국수, 고급 버거, 한국 음식을 파는 식당들이 늘어서 있고, 통로 끝 2층에는 만화 공간, 1층에는 츠타야 서점이 있다. 츠타야 서점 입구 계단은 만남의 장소가 되어 수많은 사람들이 북적인다.

 새로운 형태의 복합 문화 공간
보너스 트랙 BONUS TRACK

주소 東京都世田谷区代田 2丁目 36-12~15 위치 오다큐선, 이노카시라선 시모키타자와역에서 도보 6분 시간 업체마다 다름 홈페이지 bonus-track.net

2020년 봄에 문을 연 보너스 트랙은 새로운 형태의 복합 공간이다. 레스토랑, 카페, 주스 바, 발효 식품 매장이 펼쳐진다. 일기에 얽힌 다양한 물건들과 커피를 제공하는 닛키야 츠키히 등 독특한 콘셉트를 가진 가게들이 모여 있고 다양한 이벤트가 열리기 때문에 봄에서 가을에는 동네 사랑방 같은 분위기가 넘친다.

🧺 시모키타자와의 핫한 쇼핑몰
리로드 reload

주소 東京都世田谷区北沢 3-19-20 위치 오다큐선, 이
노카시라선 시모키타자와역 동쪽 출구에서 도보 4분 시
간 업체마다 다름 홈페이지 reload-shimokita.com

시모키타자와역의 북동쪽 선로를 따라가면 'so many
good colors'라는 캐치프레이즈 아래 하얀 콘크리트
로 이어진 리로드가 있다. 카페와 빵가게를 포함하여
모두 24개의 숍, 카레 전문점, 서점, 부티크 등이 입주
해 있다. 리로드의 상점은 모두 서로 크기를 달리하며
지붕이 겹쳐지는 저층분동 형식低層分棟形式으로 지어
졌고, 중앙에는 산책로가 만들어졌다.

🧺 핸드메이드 제품을 파는 곳
동양 백화점 東洋百貨店 [토-요-학카텐]

주소 東京都世田谷区北沢 2-25-8 위치 오다큐선, 이
노카시라선 시모키타자와역 북쪽 출구에서 도보 2분 시
간 12:00~20:00(일부 11:00~21:00) 홈페이지 www.
k-toyo.jp/frame.html 전화 03-3468-7000

시모키타자와역에서 도보 2분 거리에 위치한 이곳은,
겉보기에는 낡아 보이지만 시모키타자와에서 빼놓을
수 없는 곳이다. 시설 안에는 핸드메이드 오리지널을
키워드로 상품을 구비한 약 20개의 점포가 있다. 참고
로, 동양 백화점의 별관이 시모키타자와역 미칸 시모키타 내에 있다.

🧺 서브컬처의 집결지
빌리지 뱅가드 VILLAGE VANGUARD

주소 東京都世田谷区北沢 2-24-8 위치 오다큐선,
이노카시라선 시모키타자와역 남쪽 출구에서 도보 2
분 시간 10:00~24:00 홈페이지 www.village-v.
co.jp 전화 03-3460-6145

일본 여러 곳에서 볼 수 있는 서점 체인점이지만,
왠지 이곳의 빌리지 뱅가드는 시모키타자와와 더
어울린다. 시모키타자와의 복잡한 골목길처럼 미
로처럼 얽힌 가게 내부에는 책뿐 아니라 재미있는
잡화가 가득한 것으로 유명하다.

팬케이크와 프렌치토스트가 일품인 곳

선데이 브런치| SUNDAY BRUNCH サンデーブランチ [산데에부란치]

주소 東京都世田谷区北沢 2-29-2 フェニキアビル 1 F　위치 오다큐선, 이노카시라선 시모키타자와역 북쪽 출구에서 도보 3분　시간 11:00~21:00　휴무 부정기　홈페이지 www.sundaybrunch.co.jp　전화 03-5453-3366

델리 & 베이킹DELI & BAKING 2층에 있다. 맑은 날 햇빛이 쏟아져 들어오는 이곳은 잡화를 파는 공간과 식사와 케이크를 먹을 수 있는 공간이 나눠져 있다. 이곳에서 판매하는 프렌치토스트는 두꺼운 빵에 맛있는 시럽이 가득해 부드러운 맛이 일품이다. 팬케이크나 프렌치토스트를 좋아하는 사람이라면 꼭 들러 봐야 할 곳이다.

극장 1층의 먹자골목

스즈나리| ザ・スズナリ [더 스즈나리]

주소 東京都世田谷区北沢1-45-15　위치 오다큐선, 이노카시라선 시모키타자와역 남쪽 출구에서 도보 5분

이치방가이一番街의 차자와도리 끝에 있는 이 극장은 비정기적으로 공연이 열린다. 주변의 눈길을 한눈에 사로잡는 레트로풍의 네온사인이 걸린 건물 1층은 현재는 작은 식당과 술집들로 붐비는 요코초(먹자골목)가 되었다.

모닝 메뉴가 인기 있는 커피숍
룩업커피 LOOK UP COFFEE

주소 東京都世田谷区北沢 2-36-14 ガーデンテラス下北沢 1F 위치 이노카시라선 시모키타자와역 서쪽
출구에서 도보 4분 시간 08:00~19:00 휴일 연중무휴 홈페이지 www.instagram.com/lookup_coffee

룩 업 커피는 시모키타자와 역에서 도보 3분 거리에
2021년 1월 오픈한 에스프레소 커피숍이다. 콘크리
트 건축 양식과 아담한 내부 장식이 잘 어울리는 가게
안은 심플하면서 감각적이고 세련된 분위기이다. 이
카페는 아침 8시에 오픈하므로 모닝 메뉴도 인기 있
다. 추천 메뉴는 토스트이며, 츠나마요, 버터 & 허니,
치즈 등의 토핑을 선택할 수 있다. 해가 지고 어두워지
면 낮과는 또 다른 공간이 나타난다.

나만을 위한 커피
고하제 こはぜ珈琲 [고하제 코-히-]

주소 東京都世田谷区北沢2-33-6 グリーンテラス1F 위치 오다큐선, 이노카시라선 북쪽 출구에서 도
보 4분 시간 11:00~20:30(주문 마감 20:00) 휴무 두 번째 화요일 전화 03-5738-9207 홈페이지 www.
cohaze-coffee.com

주문이 들어오면 생두를 볶기 시작하는 커피 전문점 고하제 커피. 진짜 '나만을 위한' 커피를 맛보고
싶다면 꼭 방문해야 할 카페이다. 가게 내부보다는 가게 바깥 골목길에 놓인 야외 테이블에서 커피를
마시고, 책을 보거나 이야기를 나누는 손님들이 많아 시선을 끄는 카페이다.

일상 속에서 자주 찾고 싶은 카페
더 유주얼 The Usual

주소 東京都世田谷区北沢 2-27-12 林ビル102
위치 이노카시라선 시모키타자와역 서쪽 출구에서
도보 2분 **시간** 월, 수~일 11:00~21:00(주문 마감
20:30) 휴무 화요일 전화 03-6416-8076

'보통의 usual'라는 뜻을 가진 가게 이름처럼 일
상 속에서 자주 찾고 싶은 카페이다. 품질 좋은
커피와 달콤한 케이크, 그리고 풍성한 런치 세트
로 유명하며, 주류도 즐길 수 있다. 이곳도 가게
밖의 작은 테라스 좌석이 항상 인기가 높다.

아는 사람만 아는 명소
카페 네구라 喫茶ネグラ [킷사 네구라]

주소 東京都世田谷区北沢 2-26-13 PACKAGEONE 1F 北側 **위치** 이노카시라선 시모키타자와역 서쪽 출
구에서 도보 2분 **시간** 12:00~20:00 휴무 부정기 전화 03-6361-9874

골목 안쪽에 있어 눈에 잘 띄지 않는 카페 네구라는 '아는 사람만 아는' 진정한 시모키타자와의 명소이
다. 70년대풍의 인테리어와 아기자기한 소품 구경 때문에 시간 가는 줄 모를 정도이다. 소다 위에 부
드러운 아이스크림을 띄운 플로트float로 유명하며, 간단한 식사 메뉴도 제공한다.

살기 좋은 거리

기치조지 吉祥寺

기치조지는 도쿄도 무사시노시에 있는 기치조지역을 중심으로 도쿄도 23구의 외곽 지역에 있는 번화가 중 하나다. 도큐 백화점, 마루이 등의 대형 쇼핑센터들이 빌딩들 사이에 있는 하모니카 골목길과 선로드 같은 개성 있는 상점가와 조화를 이루고 있다. 라이브 하우스와 재즈 카페도 많아 음악의 거리로도 알려진 곳이다. 또한 도보권에 세이케이 대학과 도쿄 여자 대학이 있고, 기치조지로 오는 교통이 편리한 대학이 많아서 학생의 거리로도 잘 알려져 있다. 역의 남쪽 출구에서 멀지 않은 이노카시라 공원은 봄에는 벚꽃, 가을에는 단풍이 아름다워 가족과 연인들이 즐겨 찾는다. 이웃한 JR 미타카역에는 미야자키 하야오 감독이 직접 설계한 미타카의 숲 지브리 미술관이 있다. 상업 지역의 외곽에는 유명 인사들이 거주한다는 도쿄 타마 지역의 고급 주택가가 있다. 이렇듯 상업 지역과 주거 지역이 서로 근접해 있는 기치조지는, 신주쿠와 시부야역으로 바로 연결된 기차역, 이노카시라 공원과 지브리 미술관 등의 근린 공원을 갖추고 있다는 점 덕분에 각종 조사 기관에서 '살고 싶은 도시 순위'에 자주 선정되고 있다.

교통편 (JR 주오선) 기치조지역, (게이오 이노카시라선) 기치조지역
여행법 일반적으로 신주쿠역에서 JR 주오선을 이용하면 된다. 기치조지 다음 역이 지브리 미술관이 있는 미타카역이므로 기치조지역을 먼저 들르려면 기치조지역에 하차하고, 지브리 미술관을 먼저 가 보려면 미타카역에서 하차하면 된다. 효율적인 여행을 위해서는 미타카역에서 내려 지브리 미술관을 본 다음 기치조지역으로 이동하는 동선을 선택하는 것이 좋다.

- 기치조지는 주오선 및 게이오 이노카시라선 기치조지역을 중심으로 바둑판 모양으로 펼쳐져 있다. 역을 중심으로 4개의 대형 상업 시설이 배치돼 있다.
- 동쪽에는 요도바시 카메라 멀티미디어 기치조지, 서쪽에는 도큐 백화점, 남쪽에는 마루이, 북쪽에는 코피스 기치조지가 있다. 이 4개의 대형 상업 시설의 틈 사이로 중소 빌딩이 즐비하며, 다양한 상점과 다채로운 메뉴를 갖춘 음식점들이 늘어서 있다.
- 미타카역에서 하차할 경우 남쪽 출구에서 커뮤니티 버스를 이용해 지브리 미술관으로 가는 방법이 있다. 그러나 한여름이 아니라면 미타카역에서 왼쪽으로 나 있는 작은 하천을 따라 산책하듯 걸어가는 것도 좋다. 조용한 주택가 사이로 수목이 우거진 산책길이 걸을 만하다.

Best Course

기치조지 1코스	기치조지 2코스
JR 미타카역	**JR 기치조지역**
⊙ 도보 15분	⊙ 도보 20분
미카타의 숲 지브리 미술관	**이노카시라 공원**
⊙ 도보 1분	⊙ 도보 5분
이노카시라 공원	**나나이바시도리 상점가**
⊙ 도보 10분	⊙ 도보 3분
나나이바시도리 상점가	**기치조지 선로드 상점가**
⊙ 도보 5분	⊙ 도보 3분
하모니카 골목	**하모니카 골목**
⊙ 도보 1분	⊙ 도보 1분
기치조지 선로드 상점가	**JR 기치조지역**
⊙ 도보 2분	
JR 기치조지역	

맛있는 물이 샘솟는 우물이라는 뜻의 공원

이노카시라 공원 井の頭恩賜公園 [이노카시라온쵸오코오엔]

주소 東京都武蔵野市御殿山 1-18-31 위치 ❶ JR 주오선, 게이오 이노카시라선 기치조지역 공원 출구에서 도보 5분 ❷ 게이오 이노카시라선 이노카시라코엔역에서 도보 1분 홈페이지 www.kensetsu.metro.tokyo.jp/seibuk/inokashira 전화 0422-47-6900

38만m²의 넓은 부지 중앙에 커다란 호수가 있는 공원이다. 1917년에 개원한 이노카시라 공원은 2017년이 개원 100주년이다. 개원 당시에는 교외에 위치한 공원에 불과했지만 현재는 주택지와 인접한 녹지 공간이 됐다. 공원의 이름을 지은 사람은 에도 막부 3대 장군인 도쿠가와 이에미쓰라고 전해진다. 뜻은 '상수도의 수원', '더할 나위 없이 맛있는 물이 샘솟는 우물'이라는 뜻이다. 실제로 이노카시라 연못은 에도 시대 처음으로 만들어진 간다가와 수원의 원천이었고, 1898년에 개량 수도가 생길 때까지 시민들의 음용수로 사용됐다. 이노카시라 공원은 이노카시라 연못과 그 주변의 잡목림, 자연 분화권이 있는 고텐야마, 운동 시설이 있는 니시엔과 니시엔의 남동에 있는 제2 공원으로 나뉜다. 벚꽃 피는 봄이 오면 연못 주변의 벚꽃을 즐기러 오는 사람들로 가득하고, 가을에는 단풍을 구경하러 오는 사람들로 붐빈다. 특별한 볼거리가 없더라도 공원을 산책하는 것만으로 기분이 좋아지는 곳이다.

공원 입구에 있는 상점 거리

나나이바시도리 상점가 七井橋通り商店街 [나나이하시 도오리쇼오텐가이]

주소 東京都武蔵野市吉祥寺南町 1 위치 JR 주오선, 게이오 이노카시라선 기치조지역 공원 출구에서 도보 5분

기치조지역에서 이노카시라 공원으로 들어가는 입구에 있는 상점가로서, 인테리어 잡화를 파는 상점과 아담한 카페가 다수 들어서 있다. 역에서 이노카시라 공원으로 가는 메인 스트리트이기 때문에 주말이나 공휴일에는 항상 많은 사람으로 북적인다.

도쿄에 입점한 브랜드를 모두 만날 수 있는 곳

기치조지 선로드 상점가 吉祥寺サンロード 商店街 [키치조오지산로오도 쇼오텐가이]

주소 東京都武蔵野市吉祥寺本町 1-15-1 위치 JR 주오선, 게이오 이노카시라선 기치조지역 북쪽 출구에서 도보 1분 홈페이지 www.sun-road.or.jp 전화 0422-21-2202

기치조지역에서 북쪽 출구로 빠져나와 바로 보이는 선로드가 전체 길이 300m인 아케이드 상가다. 도쿄에 입점해 있는 브랜드라면 모두 다 찾아볼 수 있을 정도로 수많은 상점이 이곳에 모여 있다. 가까운 거리에 코피스 기치조지, 도큐 백화점, 가전 매장인 요도바시 카메라, 도쿄의 패션을 한눈에 살펴볼 수 있는 파르코 등 다양한 쇼핑센터가 위치해 있다.

하모니카처럼 가게가 빼곡하게 모인 곳

하모니카 골목 ハーモニカ横丁 [하아모니카요코초오]

주소 東京都武蔵野市吉祥寺本町 1-1-8 위치 JR 기치조지역 북쪽 출구에서 도보 1분

북쪽 출구 왼편에 있으며 전쟁이 끝난 1940년대 후반, 황폐한 기치조지역 주변에 생겨난 암시장의 흔적이다. 옛 무사시노 지역의 모습을 엿볼 수 있다. 하모니카요코초란 이름은 작은 가게가 빼곡히 있는 모습이 하모니카와 닮았다고 해서 유래됐다. 일반 음식점을 비롯해 반찬, 장아찌, 물고기, 꽃, 양복까지 온갖 종류의 물품을 파는 가게들이 늘어서 있는 미로 같은 골목을 여행하는 것이 포인트다. 밤에는 술 한잔 하려는 사람들로 북적이며 애니메이션 〈센과 치히로의 행방불명〉에서 나오는 온천 거리 유마치의 실제 배경이 된 곳이기도 하니 반드시 한 번은 들러보자.

싼 가격에 서민들의 사랑을 받는 곳
이세야 총본점 공원점 いせや総本店 公園店 [이세야소-혼텐코엔텐]

주소 東京都武蔵野市吉祥寺南町 1-15-8 **위치** JR 기치조지역 공원 줄구에서 도보 3문 **시간** 12:00~22:00
휴무 화요일 **홈페이지** www.kichijoji-iseya.jp **전화** 0422-47-1008

1928년에 정육 업체로 창업해 1958년에 닭꼬치 가게로 전환했다. 닭꼬치 한 개당 80엔이라는 저렴한 가격 덕분에 1,000엔 정도면 안주로 곁들여 먹을 수 있어 서민들의 사랑을 받는 곳이다. 잡지, TV 프로그램 등에서도 자주 소개됐다. 본점보다 많은 350석(테이블석, 카운터석, 다다미방)이 준비돼 있으며, 공원 입구에 있어 가벼운 간식거리를 찾는 사람들이 많이 이용한다.

최고급 쇠고기로 만든 원조 멘치카쓰 전문점
기치조지 사토 吉祥寺 さとう [키치조오지 사토오]

주소 東京都武蔵野市吉祥寺本町 1-1-8 **위치** JR 기치조지역 북쪽 출구에서 도보 3분 **시간 정육점** 10:00~19:00(멘치카쓰 판매 10:30) / **스테이크 하우스** 11:00~14:30, 17:00~20:00(월~금, 금요일은 20:30까지) / 11:00~14:30, 16:30~20:30(토·일·공휴일) **휴무** 연시 **홈페이지** www.shop-satou.com **전화** 0422-22-3130

기치조지 사토는 원래 정육점이었지만 지금은 고기 판매뿐만 아니라 스테이크 하우스도 함께 운영하고 있다. 특히 1층에서 직접 만들어서 판매하고 있는 멘치카쓰가 인기여서 상점 앞엔 멘치카쓰를 구입하려는 사람들로 줄이 늘어서 있다. 인기 비결은 일본에서 최고급 쇠고기인 마쓰사카산을 사용하면서도 가격이 싸다는 것이다. 원조 멘치카쓰 1개의 가격은 220엔이다. 한 입 베어 물면 고기의 육즙이 입안에 흘러든다.

미야자키 하야오를 느낄 수 있는 곳
미타카의 숲 지브리 미술관 三鷹の森ジブリ美術館 [미타카노모리지부리비주쓰칸]

주소 東京都三鷹市下連雀 1-1-83 위치 JR 미타카역에서 도보 15분, 셔틀버스로 10분 시간 10:00~18:00 (카페 11:00부터), 1일 4회 입장(첫 번째 입장 10:00, 두 번째 입장 12:00, 세 번째 입장 14:00, 네 번째 입장 16:00) 휴무 화요일 요금 1,000엔(어른·대학생), 700엔(중·고등학생), 400엔(초등학생), 100엔(4세 이상 유아) 홈페이지 www.ghibli-museum.jp 전화 0570-055777

도쿄를 여행하는 한국 여행자의 대다수가 방문하는 지브리 미술관의 정식 명칭은 미타카 시립 애니메이션 미술관이다. 미야자키 하야오의 평면 스케치를 바탕으로 디자인이 됐다. 2001년에 개관한 이 미술관은 아이들의 눈높이에 맞춘 많은 전시물과 기이한 내부 장식을 갖춰 아이들은 물론, 어른들도 동심으로 돌아갈 수 있는 곳이다. 미술관의 모토는 '함께 길을 잃어버린 아이들이 되자迷子になろうよ、いっしょに'이다. 지정된 관람 경로나 정해진 관람법은 없으니 자유롭게 돌아보면 된다. 상설·기획 전시실에서는 애니메이션의 원화(이미지 스케치) 등을 볼 수 있고 애니메이션이 어떻게 만들어지는지 알 수 있는 전시물도 있다. 3층에는 〈이웃집 토토로〉에 나오는 '고양이 버스'가 전시돼 있다. 초등학생 이하의 어린이들은 그 안에 들어가 놀 수도 있다. 반대편에는 지브리의 캐릭터 상품을 파는 뮤지엄 숍이 있으며, 옥상에는 〈바람계곡의 나우시카〉에 나오는 거신병 동상이 있다.

시설 옥상과 야외를 제외하고 관내 사진 촬영은 원칙적으로 금지니 참고하자. 또한 영어 지원이 안 되므로, 일본어를 알지 못하면 안내원의 설명을 알아듣기 어렵다는 점도 알아 두자.

Tip. 지브리 미술관의 예약 방법
지브리 미술관은 현장 티켓을 발매하지 않기 때문에 반드시 사전 예약을 해야 입장이 가능하다.

로손편의점에서 예약
일본 현지에서 예매를 하려면 편의점 로손의 Loppi에서 일시 지정 후 입장 교환권을 구입해야 한다. 예약 시에는 로손 앱 회원의 등록이 필요하다.
로손 앱 회원 등록 l-tike.com/guide/web-member.html

커뮤니티 버스
JR 미타카역 남쪽 출구로 나가면 왼쪽 버스 정류장에 미술관으로 가는 커뮤니티 버스 정류장이 있다. 2개의 루트가 있으며 루트1은 매시 20분 간격, 루트2는 매시 30분 간격으로 운행한다. 스이카나 파스모도 사용 가능하다(성인 편도 210엔, 왕복 320엔/ 어린이 편도 110엔, 왕복 160엔).

옛 도쿄를 만나는 곳

가구라자카 神楽坂

신주쿠의 바깥쪽인 와세다 거리의 오쿠보 거리 교차로에서 소토보리 거리 교차로를 잇는 언덕 및 그 일대를 가구라자카라고 부른다. 그 시작은 1633년경 일본 에도 시대로 거슬러 올라가는데, 당시 이 언덕의 우측에 있던 신사에서 연주하는 신악 神楽(신에게 제사를 지낼 때 연주하는 음악) 소리가 들려 가구라자카 神楽坂라는 이름이 붙었다고도 한다. 가구라자카는 에도 시대부터 다이쇼 시대(1912~1926년)까지 유흥가로 번성했고 이다바시역을 뒤로한 언덕 오른 편에 유흥가 특유의 골목길들이 아직도 남아 있다. 도쿄는 물론 일본에서도 이제는 보기 힘든 풍경에 매료된 여행자들이 즐겨 찾는다.

교통편 (JR 주오선, 소부선, 도쿄 메트로 유라쿠초선, 난보쿠선, 도자이선) 이다바시역
      (도쿄 메트로 도자이선) 가구라자카역
      (도에이 오에도선) 우시고메가구라자카역

여행법 이다바시역을 나와 '가구라자카시타神楽坂下'에서 출발해서 '가구라자카우에神楽坂上'를 지나 라 카구 La Kagu가 있는 도자이선 가구라자카역까지 걸어가면서 돌아보는 것이 일반적이다. 특히 주말이나 공휴일 오후에는 교통을 규제하고 있어 보행자 천국이 되는 경우가 많기 때문에, 양옆에 늘어선 가게들을 돌아보며 느긋하게 산책을 즐길 수 있다. 가구라자카는 자동차 진행 방향이 오전과 오후에 바뀌는, 일본에서 유일한 역전식 일방통행 도로인 점도 잊지 말아야 한다. 가구라자카는 되도록 주말이나 공휴일 오후 시간대에 가는 것이 좋다. 해가 지기 시작하면, 가구라자카 뒷골목에 조용히 자리잡고 있던 가게들이 하나둘씩 문을 열기 시작한다. 등불이 켜진 가구라자카는 낮과는 전혀 다른 모습을 보여 준다. 조용한 분위기가 느껴지는 게이샤 신도, 미치쿠사 요코초, 겐반 요코초와 같은 뒷골목을 돌아보자. 잠시 동안 오래전의 도쿄로 돌아가는 것 같은 느낌이 들 것이다.

강 위에 떠 있는 환상적인 카페
커낼카페 CANAL CAFE カナルカフェ [카나루카훼]

주소 東京都新宿区神楽坂 1-9 위치 JR 주오선 이다 바시역 서쪽 출구에서 도보 2분 시간 **데크 카페 & 바** 11:30~23:00(월~토, 주문 마감 21:30), 11:30~21:30 (일, 공휴일, 주문 마감 20:30) / **레스토랑** 11:30~14:00, 17:30~23:00(월~금), 11:30~14:30, 17:30~23:00(토), 11:30~14:30, 17:30~21:30(일,공휴일) 휴무 첫주, 셋째 주 월요일 홈페이지 www.canalcafe.jp 전화 03-3260-8068

이다바시역을 빠져나와 가구라자카 언덕 위로 올라서기 전 간다강 위에 있는 카페다. TV 프로그램 〈슈퍼맨이 간다〉에서 추성훈과 그의 딸 사랑이가 데이트를 한 곳이기 도 하다. 이 카페는 강가에 있는 소토보리 공원의 벚꽃이 필 무렵에는 환상적인 풍경으로 바뀌어 늘 많은 손님으로 북적인다. 벚꽃 시즌에는 반드시 예약해야 할 만큼 인기 가 높고, 맥주와 음료를 비롯해 피자와 파스타를 판매하 는데 맛도 괜찮은 편이다.

사천왕 중의 한 사람이 모셔진 신사
젠코쿠지 비샤몬텐 善国寺毘沙門天

주소 東京都 新宿区 神楽坂 5-36 위치 JR 주오선 이다바시역 서쪽 출구에서 도보 7분 전화 03-3269-0641

젠코쿠지는 1595년 에도 막부 초대 쇼군 도쿠가와 이에야스德川家康에 의해 건립됐다. 1792년 치요다구에서 현재 위치로 문전 9개 가게와 함께 이전해왔다. 비샤몬텐은 원래 인도의 힌두교 신이었지만, 불교에 흡수된 후 사람들의 소원을 이루어주는 신으로 진화해 사천왕의 한 사람으로서 북방 수호를 담당하고 있다. 일본에서는 칠복신의 하나로 개운의 복을 가져다준다고 해서 항상 참배객들로 붐비는 곳이다. 가볍게 둘러볼 만한 곳이다.

맛있는 페코짱을 만날 수 있는 디저트 가게
후지야_가구라자카점 不二家 神楽坂店 [후지야 카구라자카텐]

주소 東京都 新宿区 神楽坂 1-12 위치 JR 주오선 이다바시역 서쪽 출구에서 도보 2분 시간 10:00~21:00(월~목), 10:00~22:00(금), 10:00~20:00(토, 일, 공휴일) 휴무 연중무휴 홈페이지 www.fujiya-peko.co.jp 전화 03-3269-1526

일본 전국에 점포가 있는 케이크, 디저트 가게로 후지야의 간판 소녀 페코짱을 만날 수 있는 곳이다. 1910년에 창업한 오래된 후지야의 가구라자카점에서만 맛볼 수 있는 페코짱야키ペコちゃん焼가 가장 인기가 높다. 부드러운 케이크 같은 반죽에 팥소와 초콜릿을 넣어 구워 낸 후지야 오리지널의 '페코짱'과 안에 들어 있는 크림은 간판 메뉴와 계절 한정 & 월 한정을 합쳐 항상 21종류가 준비돼 있다. 항상 길게 줄이 서 있기 때문에 맛을 보려면 잠깐의 수고를 거쳐야 한다.

ⓒ후지야 홈페이지

일본 전통 디저트 안미쓰 전문점

기노젠 紀の善 [키노젠]

주소 東京都 新宿区 神楽坂 1-12 紀の善ビル 위치 JR 주오선 이다바시역 서쪽 출구에서 도보 3분 시간 11:00~20:00(화~토, 주문 마감 19:30), 11:30~18:00(일, 공휴일, 주문 마감 17:00) 휴무 매주 월요일 홈페이지 www.kinozen.co.jp 전화 03-3269-2920

1948년에 오픈한 기노젠紀の善은 가구라자카에 가면 꼭 들러야 할 곳으로, 팥소와 한천 젤리로 만든 일본 전통 디저트 안미쓰餡蜜를 전문으로 하는 맛집이다. 도쿄에서 제일 맛있는 안미쓰 맛집으로 손꼽히는 이곳은 교토의 고급 말차로 만든 간판 메뉴 '말차 바바루아(874엔, 세금포함)'는 촉촉한 식감과 입안에 퍼지는 농후한 차향이 조화를 이룬다. 또한 생크림과 홈메이드 고급 팥소를 함께 맛보면 절묘한 조화가 행복함을 안겨 준다. 그 밖에도, 가을·겨울 한정 메뉴인 쿠리젠자이(950엔, 세금 포함), 봄철 한정 메뉴인 이치고 안미쓰(950엔, 세금 포함) 등도 인기 메뉴다. 관광객은 물론, 일본 여성들로 항상 붐비는 곳이다.

사진작가들에게 인기인 골목길

효고 골목 兵庫横丁 [효고요코초]

주소 東京都新宿区神楽坂 4 위치 JR 주오선 이다바시역 서쪽 출구에서 도보 6분 전화 03-3344-3160

가구라자카의 언덕길이 완만해지는 지점에 있는 작은 골목길이다. 돌이 깔린 길이 이어지고 풍취 있는 요정과 일반 민가가 숨어 있는 것 같은 이 골목길은 가구라자카에서 가장 유명한 골목길로 일본 방송이나 드라마에서 자주 소개된다. 여기에는 '와카나和可菜'라고 하는 검은색 벽으로 두른 여관이 있는데 일본의 유명한 문호와 각본가, 소설가들이 이 여관에 묵으며 명작을 탄생시킨 은둔처 같은 장소이다. 지금도 변하지 않은 에도 시대의 풍경과 정취를 느낄 수 있다. 해질 무렵에는 이 골목의 풍경 사진을 찍기 위해 수많은 사진작가들과 관광객들이 몰리기도 한다.

빈티지와 청춘의 거리

고엔지 高円寺

도쿄 스기나미구에 있는 고엔지는 신주쿠역에서 네 정거장으로 약 10분이면 도착한다. 에도 시대 초기까지는 이곳을 오자와 마을이라 불렀지만 에도 막부의 3대 쇼군인 도쿠가와 이에미쓰가 매 사냥을 위해 방문할 때마다, 슈쿠호잔 고엔지라는 절에서 머물렀고, 그로 인해 유명해진 절의 이름이 지명으로 바뀌었다. 고엔지는 역을 중심으로 사방팔방으로 상점가가 뻗어 있으며 그 상점가마다 빈티지 옷가게, 개성 있는 잡화점, 작은 라이브 하우스, 예쁜 카페와 맛있는 음식점이 있어 거리를 걷는 것만으로 즐거움이 넘친다. 도쿄의 도심과 가깝지만 전혀 다른 느낌의 도쿄를 만나 볼 수 있는 곳이다. 매년 8월의 마지막 주 토, 일요일에 열리는 고엔지 아와오도리는 도쿄의 여름 축제 중 손에 꼽을 만큼 유명하며, 아와오도리에 참여하는 인원만 1만 명에, 관람객만 100만 명에 이른다.

교통편 JR 중앙 소부선 신주쿠역에서 고엔지역까지 6분
※ 토요일·일요일·공휴일은 주오 쾌속선은 정차하지 않으므로, 소부선 각 역 정차를 이용해야 한다.
　　도쿄 메트로 마루노우치선 신주쿠역에서 신코엔지역까지 10분
　　도쿄 메트로 마루노우치선 신주쿠역에서 히가시코엔지역까지 8분

여행법 고엔지의 상점가는 JR 고엔지역, 도쿄 메트로 신고엔지, 히가시코엔지역을 둘러싼 형태로 모두 12개가 있다. 12개 상점가를 모두 찾아보는 것은 어려운 일이므로, JR 고엔지역을 중심으로 남쪽의 팔 상점가高円寺バル商店街, 그 옆의 고엔지 미나미 상점가高円寺南商店街, 북쪽의 아즈마라인 상점가高円寺あづま通り商店街, 고엔지역을 바로 나서면 마주치는 준조 상점가純情商店街 정도만 돌아보는 것으로도 충분하다. 팔상점가는 JR 고엔지역 남쪽 출구를 나오자마자 보이는 아케이드형 상가로 아와오도리용품, 대형 체인점, 잡화점 등이 있으며 한국인에게 잘 알려진 빌리지 뱅가드가 이 상가에 있다. 바로 그 옆 골목길을 중심으로 한 고엔지 미나미 상점가는 구제 숍들이 몰려 있어, 구제 쇼핑을 생각하고 있다면 이곳부터 들러 보는 것이 좋다. 빈티지 숍들을 돌아보다 보면 시간 가는 줄도 모른다. 준조 상점가를 표시하는 고엔지역 북쪽 출구 정면의 녹색과 노란색의 아치는 고엔지의 상징으로도 유명하다. 대형 약국이나 대형 식료품점과 변두리 정서가 남아 있는 제과점과 신선식품 매장들이 있다. 북쪽의 아즈마라인 상점가는 매력 넘치는 의상과 소품, 인테리어용품을 파는 가게들이 몰려 있고, 동화 속에나 나올 것 같은 작은 음식점들이 곳곳에 숨어 있다.

타마고텐동이 최고의 맛집

덴스케 天すけ [텐스케]

주소 東京都杉並区高円寺北 3-22-7 プラザ 高円寺 위치 JR 고엔지역 북쪽 출구에서 도보 1분 시간 12:00~14:00,18:00~22:00 휴무 월요일 전화 03-3223-8505

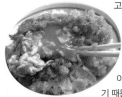

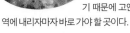

고엔지 지역에서 가장 많은 사람이 줄을 서는 맛집으로 덴푸라 전문점이다. 바삭하게 익은 덴푸라도 정말 맛있지만 덴스케의 대표 메뉴이자 모든 사람이 최고라고 말하는 메뉴는, 달걀을 그대로 튀겨 올린 타마고텐동이다. 작은 가게고 식사 시간에는 기다려야 하기 때문에 고엔지의 맛집 탐방을 하겠다면 고엔지역에 내리자마자 바로 가야 할 곳이다.

고엔지의 산 증인 같은 곳

나나츠모리 七つ森 [나나츠 모리]

주소 東京都杉並区高円寺南 2-20-20 위치 JR 고엔지역 북쪽 출구에서 도보 9분 시간 11:30~24:00(주문 마감 23:30) 휴무 연중무휴 전화 03-3318-1393

1978년 개업 이후 40년 동안 같은 곳을 지켜온 고엔지의 산증인 같은 곳이다. 오랜 역사만큼이나 외관과 내부의 오래된 모습은 영화 속의 장소인 듯한 느낌을 준다. 고급 숯인 비장탄으로 원두를 볶아 핸드 드립한 스미야키 커피와 함바그 스테이크, 카레가 유명하다. 고엔지의 구제 쇼핑에 지쳤다면 고엔지역에서 가까운 이곳에 들러 쉬어 가는 것을 강력 추천한다.

여성 여행자들 사이에서 입소문을 난 곳
하티프낫토 HATTIFNATT

주소 東京都杉並区高円寺北 2-18-10 위치 JR 고엔지역 북쪽 출구에서 도보 4분 시간 12:00~24:00(월~
토, 주문 마감 23:00), 12:00~21:00(일요일, 주문 마감 20:00) 휴무 연중무휴 홈페이지 www.hattifnatt.jp
전화 03-6762-8122

하티프낫토 HATTIFNATT는 무민에 나오
는 캐릭터의 이름으로, 고엔지를 여행하
는 여성 여행자들 사이에는 입소문이 난
카페. 외관은 허름하지만 문을 열고 안
으로 들어가면 형형색색의 벽화가 그려
진 예쁜 동화 속 세계로 빠져들 것 같은 느
낌을 준다. 가파른 계단을 올라 2층과 3층
으로 올라가면 또 다른 공간이 나온다. 동
화책 같은 메뉴판에 숫자가 새겨진 숟가
락을 주는데 나중에 계산할 때, 숫자가 새
겨진 숟가락을 보여 주면 된다. 메뉴는 커
피와 와인 외에 가벼운 식사류도 있다. 친
구들끼리 혹은 연인과 함께 가도 즐거운
곳이다.

일본식 수제 샌드위치 가게
블랑주리 에클린 Boulangerie ECLIN

주소 東京都杉並区高円寺南 2-21-9 木下ビル 1F
위치 JR 고엔지역 남쪽 출구에서 도보 10분 시간
09:00~20:00(화~일) 휴무 월요일 전화 03-6383-
2185

JR 고엔지 남쪽 팔 상점가에 있는 수제 샌드위치가
매우 맛있는 빵집이다. 일본식 샌드위치의 간결하
고 부드러운 맛에다 재료와의 궁합도 괜찮고, 가격
마저 착해서 현지 일본인들 사이에는 유명한 가게
다. 기본적인 샌드위치는 토마토, 오이, 양상추에
마요네즈를 넣은 간단한 야채 샌드위치다. 바게트
빵도 바삭하면서도 부드러운 느낌이고, 연유 크림
빵과 식빵도 인기가 높다. 작은 가게라 손님용 좌석
이 없고 포장하는 것이 좋다.

유기농 원료를 사용한 착한 도넛 가게
플로레스타 floresta

주소 東京都杉並区高円寺北 3-34-1 위치 JR 고엔지역 북쪽 출구에서 도보 6분 시간 09:00~21:00 휴무 부정기 홈페이지 www.nature-doughnuts.jp 전화 03-5356-5656

고엔지역 북쪽 출구에서 나와 좁은 골목길을 따라 올라가면 작고 아담한 도넛 가게인 플로레스타가 있다. 숲이라는 포르투갈어에서 유래된 플로레스타는 2002년 나라에서 시작됐다. 아이들을 위해 건강한 도넛을 만든다는 목표 아래 최대한 자연 첨가물을 포함하지 않고 유기농 원료를 사용해 만들고 있다. 너무 달지 않고, 바싹하면서도 촉촉한 식감이 순식간에 입맛을 사로잡는다. 고엔지의 거리를 여행하다가 디저트로 맛보기에 좋은 곳이다.

그리운 옛 동네를 찾아가는 전차

도덴 아라카와선 여행 都電荒川線 [토덴 아라카와센]

도덴 아라카와선은 1911년 처음 개업했다. 와세다역에서 미노와바시역까지 30개 역, 12.2km 거리를 약 50분간에 운행하는 도쿄도 내의 유일한 노면 전차다. 발차할 때 땡땡 종이 울리기 때문에 '친친덴샤'라는 애칭을 갖고 있다. 와세다역에서 미노와바시역 사이 구간은 도쿄의 북부 지역으로, 도쿄의 옛 모습이 그대로 남겨져 있어, 이 전차는 주로 도쿄의 서민들이 이용한다. 역과 역 사이의 구간은 매우 짧으며, 열차를 운전하는 승무원과 장년층의 정겨운 대화가 오가기도 하며 철로와 주변의 집들 사이에는 꽃이 피어 있어 한가롭게 노선을 운행하는 풍경은 아련하게 남겨진 옛 동네의 그리움와 만나는 것 같다.

주소 東京都新宿区早稲田南町12, 早稲田駅

교통편 노면 전차 전용은 어른 400엔, 어린이 200엔으로, 차내에서는 발매 당일 통용의 승차권과 IC 카드(PASMO 또는 Suica에 정보를 입력해 발행)의 두 종류를 발매하고 있다.

여행법 아라카와선은 와세다 대학교가 있는 와세다, 번화가인 이케부쿠로(히가시이케부쿠로 4초메), JR 야마노테선과 연결되는 오츠카에키마에, 노인들의 하라주쿠 스가모와 연결되는 고신즈카, 도쿄 북부의 오지역, 노면 열차 박물관이 있는 아라카와 차고마에 닛포리 도네리 라이너와 연결되는 구마노마에, 우에노 아사쿠사와 인접한 미노와바시 등의 역을 지나게 되는데 시간적인 여유가 있다면 전체 노선을, 그렇지 못하다면, 도쿄의 각 철도 노선이 연결되는 지점에서 환승하면 된다. 벚꽃이 피는 초봄과 수국과 장미가 피어나는 6월이 여행하기 가장 좋은 시기다.

Tip. 아라카와선 구간별 여행 팁

아라카와선을 타고 구간구간 매력적인 명소도 함께 들러 보자.

미노와바시역

아라카와구 내의 약 4km 구간에 약 140종, 약 13,000그루가 심어져 있어 5월 상순부터 6월 상순에 걸쳐 사람들의 눈을 즐겁게 한다. 특히 1955년 무렵을 이미지화한 디자인이 향수를 불러일으키는 미노와바시 정류장은 과거에 '봄에는 멋진 장미가 일제히 피고, 도쿄에서 유일한 도덴(노면 전차)이 달리는 정류장'으로 '간토의 역 100선'에도 뽑혔다.

아라카와유엔치마에

도쿄도 내의 유일한 구립 유원지로서 1950년에 개원했다. 관람차 등이 있는 탈것 광장, 동물 광장, 후아후아랜드, 유료 낚시터 등이 있어 가족 나들이에 좋다. 앨리스의 광장(수상 무대)에서는 연간 6회 정도 캐릭터 쇼도 공연한다.

고신치카역

절 문전에 노점상과 상점이 즐비한 스가모 지조도리는 '할머니의 하라주쿠'로 유명하다. 9시경부터 영업하고 있는 가게가 많으므로 아침부터 산책해 보면 더 좋다. 상점가의 중간 정도 지점에 도게누키지조로 유명한 고간지절이 있으며, 미카게(불상 그림)를 아픈 곳에 붙이거나 먹으면 병이 낫는다고 한다.

아스카야마역

꽃과 수국꽃의 명소인 아스카야마 공원이 있다. 봄의 꽃놀이 시즌에는 많은 승객으로 인해 혼잡하고, 휴일은 2~3대의 전철을 보내지 않으면 탈 수 없을 정도로 복잡하다.

히가시이케부쿠로욘초메역

이케부쿠로의 명물 선샤인 시티를 지나간다. 선샤인 시티는 도시 생활에 필요한 다양한 도시 시설을 담은 '복합 도시'를 기본 콘셉트로 1978년에 개관했다. 일체형 건물로는 일본국내 최대급 시설이며, 상품판매점과 음식점이 늘어선 쇼핑존을 비롯해 전망대와 수족관, 난자 타운 등의 어뮤즈먼트 시설도 있다.

하라주쿠

原宿

Harajuku

젊은이의 천국

에도시대 역참 마을이었던 하라주쿠는 1945년 미군의 폭격으로 모두 파괴되었지만 전쟁 이후 요요기 연병장에 미군이 주둔하며 그 가족들이 하라주쿠 지역에 정착하기 시작했다. 이후 이 지역은 호기심 많은 젊은이들이 다른 문화를 경험하기 위해 몰려들기 시작했다. 하라주쿠가 패션으로 유명해진 것은 하라주쿠의 첫 부티크가 세워진 1967년 이후로 이후 각종 카페와 옷가게 등이 생기기 시작하면서부터이다. 1970년대에 이미 유럽에서 수입해온 옷과 악세사리 등이 갖추어진 라포레 하라주쿠처럼 대규모의 패션 숍들이 생겨나면서 유행의 중심지로 부상했다. 오늘날의 하라주쿠는 코스프레, 펑크 등 다양한 패션을 안전하게 즐길 수 있는 문화가 자리 잡고 있으며 끊임없이 진화하는 패션 스타일을 볼 수 있는 곳이다.

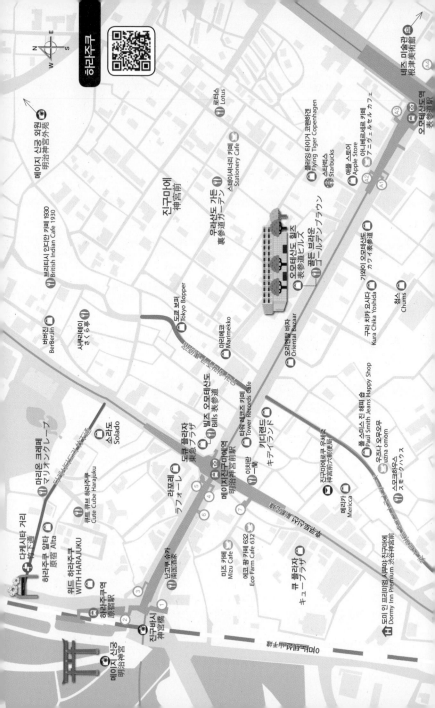

하라주쿠

네즈 미술관
根津美術館

오모테산도역
表参道駅

로터스
Lotus

스테이셔너리 카페
Stationery Cafe

플라잉 타이거 코펜하겐
Flying Tiger Copenhagen

스타벅스
Starbucks

애플 스토어
Apple Store

아네베르세로 카페
アニベルセル カフェ

진구마에
神宮前

브리티시 인디언 카페 1930
British Indian Cafe 1930

우라산도 가든
裏参道ガーデン

오모테산도 힐즈
表参道ヒルズ

골든 브라운
ゴールデンブラウン

기와이 오모테산도
カワイ表参道

버버진
BerBerJin

사쿠라테이
さくら亭

도쿄 보퍼
Tokyo Bopper

마리메꼬
Marimekko

오리엔틀 바자
Oriental Bazaar

구라 치카 요시다
Kura Chika Yoshida

첨스
Chums

마리온 크레페
マリオンクレープ

소라도
Solado

빌즈 오모테산도
Bills 表参道

타워 레코즈 카페
Tower Records Cafe

키디랜드
キデイランド

다케시타 거리
竹下通

하라주쿠 알타
原宿 ALTA

큐트 큐브 하라주쿠
Cute Cube Harajuku

도큐 플라자
東急プラザ

이치란
一蘭

폴 스미스 진 해피 숍
Paul Smith Jeans Happy Shop

우오지 오무오무
uzna omom

위드 하라주쿠
WITH HARAJUKU

하라주쿠역
原宿駅

라포레
ラフォーレ

메이지진구마에역
明治神宮前駅

진구마에토큐전오전역
神宮前六郵便局

메리카
Mericca

스모크하우스
スモークハウス

진구바시
神宮橋

난코쿠슈카
南国酒家

미즈 카페
Mizu Cafe

에코 팜 카페 632
Eco Farm Cafe 632

큐 플라자
キュープラザ

메이지 신궁
明治神宮

도미 인 프리미엄 시부야 진구마에 渋谷神宮前
Dormy Inn Premium

메이지 신궁 외원
明治神宮外苑

• 이동하기 •

교통편 (JR 주오선) 하라주쿠역, (치요다선) 메이지진구마에역, (치요다선 · 긴자선 · 한조몬선) 오모테산도역

여행법 최첨단 패션의 흐름을 볼 수 있는 하라주쿠에서 출발해서 도쿄의 상젤리제라 불리는 오모테산도를 거쳐 시부야까지 도보로 이동할 수 있는데, 하라주쿠에서 여행을 시작한다면 하라주쿠역에서 출발하는 것이 좋다. 하라주쿠역을 나오면 다케시타도리, 요요기 공원, 메이지 신궁이 있기 때문이다. 가장 일반적인 코스는 하라주쿠역– 다케시타도리– 오모테산도힐즈– 캣 스트리트– 시부야역 순이지만, 오모테산도 힐즈에서 아오야마 네즈 미술관 방향의 코스도 괜찮다. 요요기 공원에서 오쿠 시부야를 거쳐 시부야역 쪽으로 바로 이동할 수도 있다. 인근의 아오야마, 우라하라주쿠까지 포함하면 하루도 부족하다. 다케시타도리를 여행할 때 주의해야 할 점은 호객 행위를 하는 흑인들이다. 자기 가게로 오라고 하는 그들은 절대 따라가서는 안 된다.

Best Course

하라주쿠 추천 코스

하라주쿠역
◎
도보 1분
메이지 신궁

◎
도보 2분
위드 하라주쿠
◎
도보 2분
다케시타 거리
도보 10분

우라하라주쿠
◎
도보 10분
오모테산도 힐즈

◎
도보 2분
캣 스트리트

우라하라주쿠

'하라주쿠의 뒷골목'이란 뜻인 우라하라주쿠裏原宿는 '우라하라裏原'라고도 불리는데 다
케시타도리를 빠져나와 보이는 길 건너편 구역이다. 우라하라는 스트리트 패션이 많
이 보이는 곳으로, 숨겨진 유명 숍이 많아서, 이곳을 잘 살펴보면 정말 예쁘고 괜찮은
옷을 구입할 수 있다. 옷과 신발에 관심이 많은 20~30대의 남성이라면 꼭 들러 보길
추천한다. 유명한 가게는 슈프림, 베이프, 엑스라지 등이 있고, 우라하라주쿠 가운데
로 캣 스트리트가 이어지므로 그 길을 따라 올라가면 오모테산도와 시부야까지 갈 수
있다.

새롭게 태어난 역사
JR 하라주쿠역 原宿駅 [하라주쿠에키]

주소 東京都渋谷区神宮前 1-18-20

하라주쿠역은 1906년 일본 철도의 역으로 개업했다. 고풍스러운 목조 외관을 지닌 하라주쿠역은 1924년
에 준공되어, 도쿄도 내에서 현존하는 목조 건물 중 가장 오래된 것으로 유명했다. 이 역은 2020년 6월에
'문화와 창조력을 세계에 발신하는 도쿄의 새로운 프레젠테이션 스테이지'를 테마로 상업 시설이 있는 역사
가 신축되었으며, 기존 역사는 해체 후 그 자재를 이용하여 하프팀버 양식으로 건축될 예정이다. JR 하라주
쿠역은 2개의 개찰구가 있는데 다케시타도리로 바로 가려면 다케시타 개찰구이고, 반대쪽은 요요기 공원
이나 메이지 신궁으로 나가는 개찰구이다.

일본 전통 결혼식을 볼 수 있는 곳
메이지 신궁 明治神宮 [메에지진구우]

주소 東京都渋谷区代々木神園町 1-1 위치 JR 하라주쿠역 오모테산도 출구에서 도보 2분 시간 일출 시~일몰 시(달마다 다름) 휴무 연중무휴 홈페이지 www.meijijingu.or.jp 전화 03-3379-5511

하라주쿠역 서쪽에 있는 신사다. 메이지 일왕과 그의 아내 쇼켄 일왕비의 영혼을 모시기 위해 1920년 11월 1일에 세워졌다. 신궁이 위치한 지역은 원래 황무지였

기에 인공으로 숲을 만들기 위해 일본 각지와 한반도 그리고 대만에서 총 365종 12만 그루의 나무를 가져왔다고 한다. 현재는 도쿄 중심의 휴식처로서 관광객을 비롯한 많은 사람이 방문하고 있다. 전체 넓이는 약 70만m²로 전체를 다 돌아보는 것은 시간적으로 한계가 있기에 가볍게 산책하는 느낌으로 돌아보면 좋다. 주말에 이곳에서 열리는 결혼식은 현지 문화를 살펴보려는 외국인들에게 좋은 구경거리가 된다.

코스프레의 성지
진구바시 神宮橋 [진구바시]

위치 JR 하라주쿠역에서 도보 1분

하라주쿠역과 메이지 신궁을 잇는 진구바시는 단순하게 다리가 아닌 주말이면 하라주쿠 패션 하위문화에 참여하는 고딕 롤리타, 코스튬 플레이어들이 모이는 장소로 유명하다. 메이지 신궁을 배경으로 독특한 스타일의 패션 문화를 구경하고 싶다면 주말에 방문해보기를 추천한다.

하라주쿠의 새로운 랜드마크

위드 하라주쿠 WITH HARAJUKU, ウィズ ハラジュク [위즈 하라주쿠]

주소 東京都渋谷区神宮前 1-14-30 위치 ❶ JR 하라주쿠역에서 도보 1분 ❷ 치요다선, 후쿠토신선 메이지진구마에역에서 도보 1분 시간 07:30~23:30 휴무 부정기 홈페이지 withharajuku.jp

세계적인 건축가 이토 도요가 디자인한 위드 하라주쿠는 지하 3층, 지상 10층 건물로, 지하 2층부터 지상 3층에는 라이프 스타일 잡화, 스포츠, 의류, 코스메틱, 음식점 등이 입점해 있다. 일본 최초의 도심형 이케아IKEA와 유니클로 등 총 16개 점포가 있으며, 하라주쿠 첫 출점 브랜드부터 원래 하라주쿠에 점포를 두고 있던 브랜드까지 다양한 브랜드가 집결해 있다.

이케아의 경우, 도쿄 도심에서 첫 점포를 위드 하라주쿠로 선택하였는데, 매장 내에 세계 최초의 '스웨덴 편의점'을 마련하고 하라주쿠에서만 살 수 있는 한정 상품을 판매하여 인기를 끌고 있다.

유니클로는 1층과 지하 1층에 위치해 있는데, 특히 1층은 유니클로의 티셔츠 브랜드인 UT의 매장으로 다양한 아티스트 및 브랜드와 협업한 매력적인 티셔츠도 다수 판매하며, 스테디셀러 상품에 더해 하라주쿠와 연관된 한정 아이템을 판매하고 있다. 위드 하라주쿠는 2020년 6월 오픈한 이후 하라주쿠의 랜드마크가 되었다. 건물 동쪽에는 녹색으로 둘러싸인 야외 테라스도 설치되어 있어 테이크아웃 음료를 즐기며 하라주쿠 거리를 내려다볼 수 있다.

 10대들의 천국

다케시타 거리 竹下通り [타케시타도오리]

주소 東京都渋谷区神宮前 위치 ❶ JR 하라주쿠역 다케시타 출구에서 도보 2분 ❷ 치요다선, 후쿠토신선 메이지진구마에역에서 도보 6분

다케시타 거리는 하라주쿠역에서 메이지도리를 향해 완만히 기울어진 350m 정도의 거리를 지칭한다. 10대들의 천국이라고 불리는 하라주쿠의 상징이며, 일본 패션의 수많은 유행이 탄생하고 있는 곳이기도 하다. 좁고 긴 길에 도쿄의 10대들을 대상으로 한 상점, 부티크, 카페, 패스트푸드점들이 늘어서 있다. 차량 진입 통제 시간인 매일 오전 11시부터 오후 6시 사이에는 보행자 천국으로 바뀐다.

하라주쿠 알타 原宿 ALTA [하라주쿠 알타]

2015년 3월에 오픈한 곳으로, 다양한 패션 브랜드와 캐릭터 아이템을 만나볼 수 있다. '반짝반짝 빛나게 하는 아이템을 가득 모은 다케시타 거리의 주된 장소'라는 콘셉트로 15개의 점포를 집결해 놓았다. 하라주쿠 지역에 처음으로 선보이는 점포가 이곳에 많은데, 2층에는 어른과 아이들이 함께 즐길 수 있는 장난감 캡슐 뽑기 자판기들이 가득 차 있는 '가챠가챠노모리 ガチャガチャの森'가 있다.

주소 東京都渋谷区神宮前 1-16-4 **위치** ❶ JR 하라주쿠역 다케시타 출구에서 도보 2분 ❷ 치요다선, 후쿠토신선 메이지진구마에역에서 도보 6분 **시간** 10:30~20:00 **휴무** 부정기 **홈페이지** www.altastyle.com/harajuku **전화** 0570-07-5500

마리온 크레페 マリオンクレープ [마리온쿠레에뿌]

한국인에게도 잘 알려진 하라주쿠 다케시타 거리의 명물 크레이프 전문점이다. 1977년에 개업해 오랜 역사를 지닌 곳이다. 대기줄을 서야 겨우 먹을 수 있을 정도로 많은 사람이 찾는다. 수십 종류의 크레이프 중 무엇을 먹을지 고민된다면 계산대 옆의 크레이프 인기 순위를 참고하자. 메뉴에 해당하는 번호를 말하고 주문하면 된다.

주소 東京都渋谷区神宮前 1-6-15 **위치** JR 하라주쿠역 다케시타 출구에서 도보 3분 **시간** 11:00~20:00 **휴무** 부정기 **홈페이지** www.marion.co.jp **전화** 03-3401-7297

 ## 소라도 SoLaDo [소라도]

총 4층으로 구성된 복합 상업 시설이다. 다케시타 거리의 랜드마크 중 하나며 편안하고 쾌적하게 쇼핑과 식사를 즐길 수 있는 패션 & 푸드 공간이다. 지하 1층에는 헌옷 가게 위고WEGO가, 1층에는 패션·소품 관련 브랜드 매장이, 2층에는 다양한 메뉴를 골라 먹을 수 있는 푸드 숍이, 3층에는 스위츠 파라다이스 뷔페가 있다.

주소 東京都渋谷区神宮前 1-8-2 **위치** JR 하라주쿠역 다케시타 출구에서 도보 5분 **시간** 10:30~20:30(스위츠 파라다이스 11:00~20:30) **휴무** 연중무휴 **홈페이지** www.solado.jp **전화** 03-6440-0568

새로운 유행을 선도하는 곳
큐 플라자 キューブラザ [큐푸라자]

주소 東京都渋谷区神宮前 6-28-6 위치 치요다선 메이지진구
마에역 7번 출구에서 도보 1분 시간 점포마다 다름 휴무 연중무
휴 홈페이지 www.q-plaza.jp/harajuku

2015년 3월 오모테산도와 시부야를 잇는 메이지도리에 새
로운 상업 시설 큐 플라자 하라주쿠가 들어섰다. 건물은 다
이칸야마 쓰타야 서점의 설계를 담당한 건축 디자인 회사 클
라인 다이섬 아키텍츠가 디자인했다. 지하 2층부터 지상 11
층까지 총 13개 층으로 이루어진 이 건물에는 웨딩, 미용 관
련 시설이 다수 입점해 있다. 조니 뎁이 주연한 영화 〈가위손
〉의 모델이 된 에드워드 트리코미와 '색의 마술사' 조엘 워
렌의 미용실인 '웨렌 트리코미Warren Tricomi'가 일본에서
는 처음으로 입점해 있다. 또한 캐주얼 이탈리안 식당 '셔터
스SHUTTERS 오모테산도', 9층 테라스의 피자점 '칸테라
CANTERA' 등의 맛집도 있다.

 하라주쿠의 상징적인 건물
라포레 ラフォーレ [라호레]

주소 東京都渋谷区神宮前 1-11-6 위치 ❶ JR 하라주쿠역 오모테산도 출구에서 도보 5분 ❷ 치요다선 메이지진
구마에역 5번 출구에서 도보 1분 시간 11:00~21:00(1층 카페 크레이프 11:00~21:30) 휴무 연중무휴 홈페이지
www.laforet.ne.jp 전화 03-3475-0411

오모테산도와 메이지도리 교차점에 있는 지상 6층 지하 2층의 패션 빌딩이다. 1978년 개업 이래 하라주쿠
의 상징적인 건물 중 하나로 자리 잡았다. 라 포레La Foret는 프랑스어로 숲The Forest이란 뜻이다. 2017
년 4월 25개 점포가 리뉴얼하면서 2.5층 입구는 하라주쿠를 상징하는 새로운 명소로 '일본', '오리엔탈', '전
통', '모던'을 믹스한 배리어프리 일본식 정원 '겐지야마 테라스'가 생겼다. 비비안 웨스트우드부터 도쿄를
거점으로 한 작은 패션브랜드까지 돌아보는 것만으로 충분히 즐길 수 있다. 7월과 1월에 개최되는 그랜드
바겐세일은 '일본에서 가장 늦게 시작하고 가장 저렴하다'라는 테마로 진행되니 세일 기간 중에 방문하는
것도 좋다.

도큐 플라자 東急プラザ [토큐푸라자]

쇼핑을 즐기는 테마파크 존

주소 東京都渋谷区神宮前 4-30-3 **위치** ❶ JR 하라주쿠역에서 도보 4분 ❷ 치요다선 메이지진구마에역 5번 출구에서 도보 1분 **시간** 11:00~21:00 **휴무** 연중무휴 **홈페이지** omohara.tokyu-plaza.com **전화** 03-3497-0418

최첨단 패션이 모인 오모테산도와 메이지도리가 교차하는 진구마에 교차로에 위치한 지상 7층, 지하 2층의 건물이다. '만화경'이라고 불리는 독특한 거울벽 장식의 입구 앞에는 세련된 숍들이 들어서 있다. 지하 1층부터 지상 2층까지의 플래그십 스토어는 브랜드 최고의 라인업을 자랑하며, 3~5층에는 어패럴, 잡화, 화장품을 중심으로 다양한 숍들이 입점해 있고, 6~7층에는 인기 있는 카페, 레스토랑이 들어서 있는데 특히 날씨가 좋은 날 6층에 올라 스타벅스에서 음료를 사들고 옥상 정원 '오모하라노 모리 おもはらの森'에 가면 도심의 북적거림에서 벗어나 자연의 정취를 가득 느낄 수 있다. 7층에 있는 빌즈bills 오모테산도는 세계 최고의 아침 식사로 불리는 리코타 팬케이크와 유기농 스크램블 에그를 맛볼 수 있다.

• 도큐 플라자 •

INSIDE

빌즈 오모테산도 bills 表参道 [빌즈 호산도]

세계 최고의 아침 식사라 불리는 캐주얼 다이닝 레스토랑이다. 시드니 본점은 영화배우 레오나르도 디카프리오, 톰 크루즈, 케이트 블란쳇 등이 매우 좋아하는 곳으로 알려져 있다. 오모테산도점 또한 일본인들뿐만 아니라 한국인 여행자들 사이에서 유명한 곳이다. 옥상정원이 내려다보이는 테라스가 있고, 자연광이 비추는 7층의 가게는 항상 대기 중인 손님이 있을 정도로 인기다. 대표적인 메뉴는 유기농 스크램블, 리코타 팬케이크 등이다. 버터가 올려진 팬케이크의 식감은 정말 부드럽다. 이곳 외에 오다이바, 후타코타마가와 등에도 매장이 있다.

주소 東京都渋谷区神宮前 4-30-3 **위치** ❶ JR 하라주쿠역에서 도보 4분 ❷ 치요다선 메이지진구마에역 5번 출구에서 도보 1분 **시간** 08:30~23:00 **휴무** 연중무휴 **홈페이지** bills-jp.net **전화** 03-5772-1133

느티나무 아래 감성이 흐르는 곳

오모테산도 表参道

오모테산도는 '도쿄의 샹젤리제'로 불리는 거리다. 약간은 경사진 1km 직선으로 이어진 길을 따라, 가로수가 늘어서 있고, 루이비통, 샤넬, 프라다와 같은 명품 패션 브랜드 매장이 늘어서 있다. 겨울이면 년 오모테산도를 환하게 밝히는 일루미네이션이 개최된다. 진구바시 교차로에서 오모테산도 교차로까지 총 156그루의 나무와 화단에 LED가 설치되어 약 90만 개의 전구에 환하게 불이 들어오고 길 전체가 샴페인 골드로 빛나는 장관을 볼 수 있다.

교통편 (도쿄 메트로 긴자선, 치요다선, 한조몬선) 오모테산도역

여행법 하라주쿠, 오모테산도, 시부야는 삼각형 모양으로 인접해 있는 지역이라서 대부분 함께 묶어 여행하는 것이 좋다. 하라주쿠에서 출발했다면 다케시타도리 – 우라하라주쿠 – 캣 스트리트 – 오모테산도 순으로 이동하거나, 오모테산도에서 새로운 쇼핑 핫플레이스인 아오야마를 돌아볼 수 있다. 아오야마는 꼼데가르송, 요지 야마모토, 이세이 미야케 등 이름만 들어도 알 수 있는 일본 패션 선두 주자들의 플래그십 매장이 있다.

최첨단 패션과 라이프 스타일을 만날 수 있는 곳

오모테산도 힐즈 表参道ヒルズ [효산도히루즈]

주소 東京都渋谷区神宮前 4-12-10 위치 ❶ 긴자선, 치요다선, 한조몬선 오모테산도역 A2 출구에서 도보 2분 ❷ 치요다선, 후쿠토신선 메이지진구마에 하라주쿠역 5번 출구에서 도보 3분 ❸ JR 하라주쿠역 오모테 산도 출구에서 도보 7분 시간 11:00~21:00(가게마다 다름) 휴무 연중무휴 전화 03-3497-0310 홈페이지 www.omotesandohills.com

2006년 2월에 오픈한 상업 시설로 오모테산도의 랜드마크다. 거리의 가로수와 조화되도록 건축가 안도 다다오가 설계한 지상 6층, 지하 6층 건물로, 본관의 내부에 스파이럴 슬로프라는 나선형의 언덕길이 계단을 대신하고 있다. 이 독특한 나선형 슬로프를 걸어 올라가다 보면 마치 완만한 오르막길 위에 가게들이 놓인 것처럼 느껴진다. 2016년 3월에 개업 10주년을 맞이해 리뉴얼 오픈한 오모테산도 힐즈에는 패션 관련한 40개 점포가 있다. 본관 지하 3층에는 '숲의 도서실'이 있고, 3층의 '로켓ROCKET' 등과 같은 문화 시설과 갤러리도 신설됐다. 보다 쾌적하고 세련되게 다시 태어난 오모테산도 힐즈에서 최첨단 패션과 라이프 스타일을 만나 보자. 겨울 시즌에 오모테산도 힐즈에도 아름다운 일루미네이션이 개최된다.

세계 레스토랑 베스트 50위 안에 든 햄버거 전문점
골든 브라운 ゴールデンブラウン [고오루덴부라운]

주소 東京都渋谷区神宮前 4-12-1 表参道ヒルズ 3F 위치 긴자선, 치요다선, 한조몬선 오모테산도역에서 도보 5분 시간 11:00~23:00(월~토), 11:00~22:00(일) 휴무 부정기 홈페이지 www.goldenbrown.info 전화 03-6438-9297

영국 잡지 《모노클MONOCLE》이 선정한 '세계의 레스토랑 BEST 50'에 햄버거 전문점으로는 유일하게 선출된 명가 골든 브라운의 가게가 오모테산도 힐즈 안에 있다. 서울의 브루클린 햄버거의 맛과 비교해도 뒤지지 않는 골든 브라운의 아보카도 햄버거의 맛은 환상적이다.

초현대적인 거리
캣 스트리트 キャットストリート [카쯔토스토리이토]

주소 東京都渋谷区神宮前 4~6 위치 JR 하라주쿠역에서 도보 7분

시부야와 하라주쿠의 중간 지점에 위치한 캣 스트리트는 도쿄에서 가장 핫하고 패셔너블한 거리이자 최신 인기 브랜드 매장과 그것을 찾아 모여드는 다양한 개성의 패션 피플로 항상 붐비는 곳이다. 우라하라주쿠에서 시작되어, 시부야 미야시타 파크까지 곡선의 길이 이어지는데 이곳은 패션, 신발, 액세사리, 맛집, 카페까지 모여 있어, 그것만 구경하고 돌아봐도 한나절은 그냥 지나가 버린다.

특히 일본 빈티지 및 브랜드 셀렉트 숍인 래그태그 RAGTAG는 고퀄리티의 의류, 가방, 신발, 액세서리 등 다양한 아이템을 두루 갖추고 있으니, 빈티지를 좋아한다면 꼭 들러 보자.

사랑스러운 캐릭터가 총집합한 곳
키디랜드 キデイランド [키디란도]

주소 東京都渋谷区神宮前 6-1-9 위치 ❶ 치요다선, 후쿠토신선 메이지진구마에역에서 도보 3분 ❷ 긴자선, 치요다선, 한조몬선 오모테산도역에서 도보 10분 ❸ JR 하라주쿠역에서 도보 7분 시간 11:00~21:00(월~금), 10:30~21:00(토·일·공휴일) 휴무 부정기 홈페이지 www.kiddyland.co.jp/harajuku 전화 03-3409-3431

남녀노소 할 것 없이 해외 유명인에게도 사랑받고 있는 다양한 캐릭터가 지하 1층에서 지상 4층까지 대거 집결해 있다. 키디랜드 하라주쿠점은 말 그대로 캐릭터 상품으로 가득한 테마파크다. 새로 탄생한 키디랜드의 하이라이트는 캐릭터 전문점과 캐릭터 코너다. 다양한 상품이 진열돼 있고 오리지널 한정 상품도 갖추고 있으니 하라주쿠점에서만 만날 수 있는 상품들을 놓치지 말자. 널

리 알려진 피너츠 친구들이 모인 스누피 타운 숍 하라주쿠점, 애니메이션 〈꿈의 보석 프리즘 스톤〉에 등장하는 캐릭터 숍인 프리즘 스톤 Prism Stone, 마음을 편안하게 하는 분위기 덕분에 꾸준히 인기를 모으고 있는 리락쿠마 스토어 하라주쿠점, 일본 대표 캐릭터인 헬로키티 숍이 이곳에 있다. 또한 커피, 우유, 코코아 등 따뜻한 음료 위에 예쁜 라테 아트를 연출해 주는 데코 라테도 구입할 수 있다.

일본 문화를 체험할 수 있는 곳
우라산도 가든 裏参道ガーデン [우라산도가덴]

주소 東京都渋谷区神宮前 4-15-2 위치 긴자선, 치요다선, 한조몬선 오모테산도역 A2 출구에서 도보 4분 시간 12:00~15:00, 17:00~23:00 휴무 연중무휴 홈페이지 www.urasando-garden.jp 전화 090-1774-5505

2016년 3월, 오래된 일본 민가를 개조해서 만든 독창적인 2층짜리 목조 건물에 일본 문화 체험을 콘셉트로 7개의 아기자기한 가게들이 들어서 있다. 일본의 와인이나 사케 등 특별한 술은 물론, 전통 방식으로 직접 타서 마시는 차, 개성 있는 드립 커피 등 다양한 음식 체험을 할 수 있다. 번화한 오모테산도 거리 뒤편의 주택가에 자리 잡고 있고 독특한 실내 구조등으로 일본에서도 향후 인기 스폿이 될 것으로 예상되고 있다.

제2차 세계 대전 이전에 설립된 사립 미술관

네즈 미술관 根津美術館 [네즈 비주쓰칸]

주소 東京都港区南青山 6-5-1 위치 긴자선, 치요다선, 한조몬선 오모테산도역 A5 출구에서 도보 8분 시간 10:00~17:00(입장마감 16:30) 휴무 월요일 홈페이지 www.nezu-muse.or.jp 전화 03-3400-2536

도부철도 사장을 지낸 네즈 가이치로 根津嘉一郎의 일본 및 동아시아 고미술 컬렉션을 보존 및 전시하기 위해 1941년에 설립한 사립 미술관이다. 구라시키의 오하라 미술관 등과 함께 제2차 세계 대전 이전에 설립된 몇 안 되는 사립 미술관 중 하나며, 지금의 오사카 동부에 해당되는 가와치국 탄난 번주의 집이 있던 자리에 건축된 네츠 미술관은 2009년 10월에 구마 겐고 隈研吾의 설계로 리뉴얼 오픈했다. 개방적이고 차분한 공간 속에서 감상할 수 있으며, 약 17,000m²의 신록이 풍부한 일본 정원은 계절의 변화를 즐길 수 있는 도심의 오아시스가 되고 있다.

아름다운 은행나무 거리
메이지 신궁 외원 明治神宮外苑 [메이지진구 가이엔]

주소 東京都新宿区霞ヶ丘町1-1 **위치 ①** JR 추오 소부선 시나노마치역·센다가야역에서 도보 10분 **②** 도쿄 메트로 한조몬선·긴자선 아오야마잇초메역에서 도보 5분 **③** 도쿄 메트로 긴자선 가이엔마에역에서 도보 5분 **홈페이지** www.meijijingugaien.jp **전화** 03-3401-0312

메이지 일왕 부부를 기린다는 의미로 1926년에 만들어진 메이지 신궁의 외원(서양식 정원이라는 의미)이다. 외원의 입구이기도 한 아오야마 거리에서 성덕기념회화관을 볼 때, 사진에서 보이듯 회화관이 중심이 되도록 은행나무가 심어져 있다. 이는 원근법을 이용하여 철저하게 계산된 조경인데 회화관에 가까워질수록 키가 더 낮은 은행나무를 심어서 실제 거리보다 회화관이 멀리 있는 것처럼, 그리고 더 장엄하게 보이도록 되어 있다. 이 은행나무들은 1926년 메이지 신궁 외원의 창건에 앞서 1923년에 심어졌고 은행나무 가로수의 숫자는 총 146개이다. 신주쿠교엔의 은행나무에서 씨앗을 채취했다고 한다. 1994년 요미우리 신문사에서 선정한 '신 일본 가로수 100경'의 하나로 선정되었으며 많은 영화와 드라마의 촬영 장소이기도 하다. 도쿄의 가을이 깊어지는 11월 하순부터 12월까지 축제가 열려 많은 관광객이 찾고 있다.

시부야

渋谷

Shibuya

가장 일본스러운 곳

시부야는 도쿄의 유행을 선도하는 문화의 중심지이다. 시부야역 앞의 스크램블 교차로에 서면 새삼 도쿄에 와 있다는 것이 실감 난다. 시부야를 중심으로 인근의 하라주쿠, 오모테산도, 아오야마, 다이칸야마, 에비스, 나카메구로는 도보로, 시모키타자와, 지유가오카는 전철로 연결하여 여행하기도 좋다. 시부야는 하라주쿠에서 이어지는 쇼핑 거리와 함께 영화관, 라이브 하우스, 극장, 클럽 등이 밀집된 지역으로 젊은 문화의 발상지로서의 기능도 톡톡히 하고 있다. 또한 계속 이어지는 재개발 사업으로 도큐 백화점 도요코점이 영업을 종료했으며, 시부야 스크램블 스퀘어 같은 대형 복합 빌딩이 들어서고 있어 최근 도쿄에서 가장 많은 변화를 보이고 있다.

시부야 관광 홈페이지 www.shibuyakukanko.jp

분카무라
Bunkamura

우에다가와 카페
宇田川カフェ

아웃백 스테이크 하우스
アウトバックステーキハウス

시부야 호텔 엔
Shibuya Hotel, EN

라이온
Lion

뮤지끄
ムルギー

도겐자카
道玄坂

도쿄큐 핸즈
東急ハンズ

도큐큐쓰
とんかつ

스타벅스
Starbucks

모카
Mocha

파르코
Parco

로손
Lawson

모스 버거
Mog Burger

디스크 유니온
Disk Union

팝아이
Apple Store

가쓰유
かつ亭

바그레스토랑
バグレストラン

야마다전기 LABI
ヤマダ電機 LABI

시부야 109
Shibuya109

가쓰구라
かつ亭

버거킹
Burger King

로프트
Loft

시부야 마크시티
渋谷マークシティ

로오코르
L'Occitane

록시땅
L'Occitane

베스킨 라빈스 31
Baskin Robbins 31

발리치 빵가드
ヴィレッジヴァンガード

시부야 A관
西武渋谷 A館

미그넷 바이 시부야 109
MAGNET by SHIBUYA109

시부야 B관
西武渋谷 B館

시부야 모디
Shibuya MODI

스크램블 교차로
スクランブル交差点

큐프론트
Qfront

이노카시라도리 井ノ頭通り

타워 레코드
タワーレコード

미야시타 파크
MIYASHITA PARK

시부야 후쿠라스
渋谷フクラス

하치코 동상
ハチ公像

시부야역앞 파출소
渋谷駅前交番

JR 야마노테선 山手線

미부이
マルイ

시부야 요코초
渋谷横丁

시부야 스트림
渋谷ストリーム

시부야역
渋谷駅

시부야 도베 요코초
のんべい横丁

린트 초콜릿 카페
Lindt Chocolate Cafe

후쿠토신선 副都心線

시부야 도큐 베이
渋谷東急本店

차테이 하토우
茶亭 羽當

메이지도리 明治通り

시부야 캐스트
Shibuya Cast

시부야 스크램블
渋谷スクランブル

시부야 스크램블 스퀘어
渋谷スクランブルスクエア

시부야 히카리에
渋谷ヒカリエ

시부야 스카이
渋谷スカイ

엔테이야
天ぷら

미야시타 공원
美竹公園

교통편 (JR선, 사이쿄선, 도큐 도요코선·덴엔토시선, 게이오 이노카시라선, 긴자선·한조몬선) 시부야역

여행법 • 여행자들이 많이 이용하는 JR 시부야역에 내렸다면 무조건 하치코 출구로 나가야 한다. 시부야의 주요 여행지는 대부분 하치코 출구에서 갈 수 있기 때문이다.

• 시부야는 넓고 볼거리가 많기 때문에 여행 코스를 자유롭게 구성할 수 있다. 미야시타 파크에서 캣 스트리트를 거쳐 오모테산도로 이동해도 좋고, 스크램블 교차로를 건너 파르코와 로프트가 있는 이노카시라도리 지역을 거쳐 미야시타 파크 방향으로 이동해도 괜찮다. 시부야 스카이는 석양이 나 야경이 목적이므로 시부야역을 중심으로 시부야 히카리에, 시부야 스트림, 시부야 마크 시티 등 을 돌아본 뒤 마지막으로 들르자.

• 인근 지역과 함께 묶어 여행할 때는 시부야를 오후 시간대에 여행하도록 하자. 다른 지역들의 상점 이나 여행지는 일찍 문을 닫지만, 시부야는 밤이 되어도 볼거리가 많기 때문이다.

> **Tip.** 시부야 관광 안내소
> 시부야역 주변에는 세 곳의 관광 안내소가 있고, 영어 대응이 가능한 직원도 있다. 하치코 동상 옆에 있는 녹색 전차에는 아오가에루(청개구리) 관광 안내소가 있고, 마크시티 4층에는 시부야구 관광 안내소, 시부야역의 덴엔토시선·한조몬선 구간 지하 2층에 도큐 도쿄 메트로 시부야역 관광 안내소가 있다.

Best Course

시부야 추천 코스

시부야역 하치코 출구
◎
바로
스크램블 교차로
◎
도보 3분
시부야 109
◎
도보 7분
미야시타 파크

◎
도보 2분
시부야 히카리에

◎
도보 4분
시부야 스트림
◎
도보 3분
시부야 스카이

공원과 쇼핑몰, 호텔이 하나로
미야시타 파크 MIYASHITA PARK

주소 東京都渋谷区渋谷 1-26-5 위치 ❶ JR, 긴자선, 한조몬선, 후쿠토신선, 이노카시라선·덴엔토시선, 도요코선
시부야역에서 도보 3분 ❷ JR 하라주쿠역에서 도보 11분 홈페이지 www.miyashita-park.tokyo

시부야구와 미쓰이 부동산이 협력하여 시
부야 스크램블 교차로 근처에 있는 시부야
구립 미야시타 공원을 리뉴얼하여 상업 시
설과 호텔이 하나가 된 미야시타 파크로 새
롭게 탄생시켰다. 전체 길이 약 330m, 옥
상에는 시부야 구립 미야시타 공원, 그 아래
는 새로운 상업 시설인 라야드 미야시타 파
크 RAYARD MIYASHITA PARK, 공원 북쪽
에는 호텔 시퀀스 미야시타 파크 sequence
MIYASHITA PARK로 구성된다. 시부야와 하
라주쿠·오모테산도의 중간 지점에 위치하
고 있어 접근성도 뛰어나다.

공원은 남북의 2개 블록으로 나뉘어져 있는데, 북쪽 1층과 2층에는 루이비통, 구찌, 발렌시아가, 프라다,
코치 등 유명 브랜드가 입점해 있으며 또한 음악과 디자인을 함께 즐길 수 있는 카페와 아트 갤러리, 뮤직 바
가 모여 있다. 남쪽 지역은 카페와 레스토랑 등 음식점이 모여 있고 미야시타 파크의 주요 볼거리중 하나인
시부야 요코초가 있다. 옥상 공원에는 널찍한 잔디밭과 설치 미술, 스케이트보드 파크와 볼더링 월, 다목적
운동 시설 등이 설치되어 있어, 피크닉 장소는 물론 데이트 코스로 인기를 끌고 있다.

> **Tip.** 미야시타 파크의 포토 스폿
>
> **도라에몽 기념상**
> 도라에몽을 대표하는 7가지 비밀 도구와 함께 기념사진을 찍
> 을 수 있다.
>
> **시부야 하치 컴퍼스 SHIBUYA HACHI COMPASS**
> 일본 예술가 스즈키 야스히로의 작품으로 시부야 행정 지구 형
> 태를 본뜬 하얀색 큰 의자 위에 앉아 충견 하치코와 함께 하늘
> 을 바라볼 수 있다. 밤에는 하치코의 등에 별자리가 떠오른다.

시부야 요코초 渋谷横丁 [시부야 요코초]

미야시타 파크의 1층, 약 100m의 거리에 총 19개에 달하는 점포들이 입점해 있다. 각 매장들은 구분되어 있지만 QR 코드를 통해 다른 매장의 메뉴(돈부리 등 일부 메뉴에 한정)를 배달 서비스로 앉은 자리에서 맛볼 수 있다. 스모 선수들이 즐겨 먹는 창코나베부터, 한류를 배경으로 하는 김치와 막걸리까지 맛볼 수 있다.

주소 東京都渋谷区神宮前 6-20-10 RAYARD MIYASHITA PARK South 1F 위치 ❶ JR, 긴자선, 한조몬선, 후쿠토신선, 이노카시라선, 덴엔토시선, 도요코선 시부야역에서 도보 3분 ❷ JR 하라주쿠역에서 도보 11분 시간 월~토 11:00~23:00(일부 점포는 다음 날 05:00까지), 일요일·공휴일 11:00~23:00 홈페이지 shibuya-yokocho.com

시부야 재개발의 핵심
시부야 스크램블 스퀘어 渋谷スクランブルスクエア [시부야 스쿠렌부루 스쿠에아]

주소 東京都渋谷区渋谷 2-24-12 위치 JR 시부야역과 바로 연결 시간 10:00~21:00 휴무 부정기 홈페이지 www.shibuya-scramble-square.com 전화 03-4221-4280

시부야 재개발의 핵심인 스크램블 스퀘어는 시부야역과 바로 연결된 복합 상업 시설로 높이 229.71m이다. 과거 시부야에서 가장 높은 빌딩이었던 세룰리언 타워(높이 184m)를 제치고, 시부야에서 가장 높은 빌딩이 되었다. 시부야역 바로 위에 위치하며 동관, 중앙관, 서관의 3개 동으로 구성된다. 동관은 높이 약 230m, 지상 47층과 지하 7층으로 , 연면적 약 181,000m²로, 옛 시부야역 지상 역사와 도큐 백화점 토요코점(동관) 터에 지어져 2019년 11월 1일 개장했다. 스크램블 스퀘어에서 연결 다리를 통해 시부야 히카리에, 시부야 스트림으로 오가는 것이 가능하다. 동관의 저층~중층은 대규모 상업 시설, 고층은 고급 오피스, 최상층에는 도쿄에서 가장 멋진 풍경을 볼 수 있는 시부야 스카이SHIBUYA SKY가 들어서 있다. 고급 브랜드는 물론 핸즈나 도큐 백화점의 화장품 및 패션 매장, JR 동일본의 슈퍼마켓인 기노쿠니야, 에키나카 상업 시설 에큐트 에디션 ecute EDITION 등이 입점해 있다. 또 14층에는 NHK 방송센터의 위성 스튜디오 겸 스튜디오 파크의 대체 시설인 플러스 크로스 시부야가 입주해 있다.

시부야스카이 SHIBUYA SKY

스크램블 스퀘어 빌딩의 최상부에 자리 잡은 시부야 스카이에서는 시부야 상공 약 230m에서 360도 파노라마 뷰로 도쿄를 감상할 수 있다. 게다가 도시 풍경 속에서 현대적인 맛과 최신 유행을 선보이며, 순식간에 도쿄의 최고 인기 스폿으로 부상하고 있다.

시부야 스카이는 14~45층의 이동 공간 SKY GATE과 야외 전망 공간 SKY STAGE 그리고 46층의 실내 전망 회랑 SKY GALLERY의 3개 존으로 구성되어 있다. 날씨가 좋지 않으면 실내 전망 회랑을 이용하면 된다. 시부야 스카이는 당일 창구에서 티켓을 구입하는 것도 가능하지만, 웹 티켓(온라인)이 현장 구매보다 저렴하기 때문에 웹 예약을 추천한다. 특히 주말이나 공휴일의 일몰부터 밤까지의 시간이 제일 인기 있는 시간이라 티켓이 매진될 수 있으니 미리 공식 홈페이지에서 웹 티켓을 구입하는게 좋다. (전망대를 올라가기 전에 간단한 소지품을 제외하고는 코인로커에 넣어야 한다.)

입장권 할인처 www.klook.com/ja/blog/shibuya-sky-ticket-tokyo

 시부야의 유행을 선도하는 곳
파르코 PARCO

주소 東京都渋谷区宇田川町 15-1 위치 JR 시부야역 하치코 출구에서 도보 5분 시간 11:00~21:00 휴무 부정기 홈페이지 shibuya.parco.jp 전화 03-3464-5111

오랜 기간 젊은이들의 패션의 성지이자 시부야의 대표 쇼핑몰이었던 파르코가 2016년 임시 휴업하고 오래 시간을 보낸 뒤 2019년 11월 22일 새로운 얼굴로 그랜드 리뉴얼했다. 구찌를 비롯한 포터 익스체인지, 메종마르지엘라(MM6), 꼼데가르송(COMME des GARCONS) 등 인기 있는 매장을 한 번에 둘러볼 수 있다. 6층에는 닌텐도의 일본 내 첫 공식 스토어가 입점해 있고, 닌텐도에서 출시되는 게임기를 비롯해 소프트웨어 게임 팩, 캐릭터 굿즈, 다양한 상품들이 한곳에 모여 있다.

Tip. 시부야역과 시부야의 미래

코로나 기간 중 시부야역의 가장 큰 변화는 도쿄 메트로 긴자선의 새로운 승강장 개설이다. 폭이 두 배로 넓어졌고, 일본의 유명 건축가 안도 다다오가 디자인한 독창적인 스타일의 지붕으로 새단장했다. 외부에서 바라보면 'M'자 형태의 세련된 웨이브 디자인이 가장 먼저 눈길을 끈다. 기둥이 많았던 승강장 내부가 넓어지고 개방적인 느낌을 준다. 다른 노선과 바로 연결되는 승강장으로 쉽게 환승할 수 있으며 보행자가 반대편으로 건너갈 수 있는 통로가 생겨 혼잡 상황을 해결했다.

시부야역과 함께 시부야의 터줏대감이었던 도큐 백화점 토요코점이 2020년 3월 폐점하고, 철거되기 시작했다. 2023년에는 약 30층짜리 아파트 타워와 40층짜리 오피스 타워로 이루어진 사쿠라가오카 개발이 완성될 예정이다. 도큐 백화점 시부야 본점은 2023년 4월부터 휴관을 하고, 바로 옆 분카무라와 함께 재개발 사업을 시작한다. 돈키호테를 운영하는 회사도 2023년 도겐자카에 120m 높이의 초고층 빌딩 완공을 계획으로 공사를 진행하고 있다. 2024년에는 시부야 히카리에 바로 옆, 시부야 2초메에도 또 다른 초고층 빌딩이 들어선다. 2027년에는 도큐 백화점이 철거된 자리에 시부야 스크램블 스퀘어의 중앙관(10층 규모)과 서관(13층 규모)이 문을 연다. 47층 규모의 동관은 2019년에 이미 오픈했다.

Tip. 시부야역의 약속 장소, 충견 하치코 동상

하치란 이름의 개는 1924년, 당시 도쿄 제국대학 농학부 교수 우에노 히데사부로가 기르기 시작한 아키타 견이다. 우에노 교수가 출근할 때면 하치코가 현관문 앞에서 우에노 교수를 배웅하거나 때에 따라서는 시부야역까지 배웅을 나가곤 했다고 한다. 우에노 교수의 자택은 지금의 도큐 백화점 본점 부근이었다. 1925년 5월, 우에노 교수가 갑자기 세상을 뜬 후에도 하치코는 매일 시부야역 앞에서 주인이 오기를 9년 동안 기다렸다고 한다. 이후 도쿄 아사히 신문은 이에 대한 이야기를 소개했고, 이로 인해 하치코는 세상을 떠난 주인을 기다린 충견으로 많은 관심과 사랑을 받았다. 세간의 주목과 많은 사람의 칭찬을 받은 하치코의 충성심을 기리기 위해 1934년 시부야역 앞에 지금의 동상이 세워졌다. 하치코는 1935년 3월에 병사했고 박제되어 현재 국립 과학 박물관에 보존돼 있다. 그리고 하치코 동상은 시부야의 상징이자 약속 장소가 됐다.

세계적인 브랜드가 입점된 복합 쇼핑몰
시부야히카리에 渋谷ヒカリエ

주소 東京都渋谷区渋谷 2-21-1 위치 ❶ JR, 게이오 이노카시라선 시부야역 2층 연결 통로와 바로 연결 ❷ 도쿄 메트로 긴자선 시부야역 1층과 바로 연결 ❸ 도큐 도요코선·덴엔토시선, 도쿄 메트로 한조몬선·후쿠토신선 시부야역 B5 출구와 바로 연결 시간 11:00~21:00 휴무 연중무휴 홈페이지 www.tokyu-dept.co.jp/shinqs/index. html 전화 03-3461-1090

시부야역 동쪽 출구에서 바로 연결되는 고층 복합 시설 히카리에는 직장 여성을 타깃으로 하는 시부야의 랜드마크 중 하나이다. 지상 34층, 지하 4층으로 17~34층에는 유명 기업의 오피스가 입주해 있고 11~16층은 극장으로 수용 인원은 2,000명 정도이다. 연극뿐만 아니라 뮤지컬이나 오케스트라와 같은 다양한 장르의 공연을 이곳에서 즐길 수 있다. 지하 3층~지상 5층은 싱크스 ShinQs라는 상업 시설이 입주해 있어 식료품, 생활 잡화 등 약 200개 매장에서 다채로운 쇼핑을 즐길 수 있다. 11층에 있는 스카이 로비는 시부야의 거리를 한눈에 볼 수 있는 전망 공간인데, 무료이니 한번 들러 볼 만하다. 또한 메이지 거리 맞은편에 있는 시부야 스크램블 스퀘어와는 연결 다리를 통해 왕래하는 것이 가능하다.
1층에는 사봉, 조말론 등이 있고 4층에는 투데이즈 스페셜, 마가렛 호웰, 어반 리서치 등이 있으며 5층은 예쁜 인테리어 소품 가게가 많다.

Tip. 스크램블 교차로 渋谷スクランブル交差点 [시부야 스쿠란부루 코-사텐]

시부야 스크램블 교차로는 일본 도쿄도 시부야구 시부야에 소재한 시부야역의 북서쪽 옆에 있는 대각선 횡단보도이다. 정식 명칭은 '시부야 역전 교차점 渋谷駅前交差点'이다. 이 교차점은 도쿄의 번화가 지역이며 유행의 발신지로, 시부야에서 가장 사람이 많이 왕래하는 장소이다. 1회 청신호에 많을 때는 최대 3,000명이 통행한다. 일본의 도시 풍경을 상징하는 존재로, '세계에서 가장 유명한 교차점'이라고도 불리운다. 스크램블 교차로의 역동적인 동영상이나 사진을 찍기 좋은 시간은 가장 많은 인파가 몰리는 시간대로 평일 기준 15:00~18:00경이다. 비 오는 날에도 수많은 색깔의 우산들이 교차하는 모습을 담을 수 있다.

주소 東京都渋谷区 道玄坂下 위치 JR 시부야역 하치코 출구에서 도보 1분

스크램블 교차로를 볼 수 있는 곳

1. 시부야 스타벅스 츠타야점: 큐프런트 1, 2층에 위치

2. 록시땅 카페(L'Occitane Cafe): 시부야역 앞 빌딩의 2, 3층에 위치

3. 마크시티: 시부야역에서 시부야 마크시티로 이어지는 통로

4. 호시노 커피: 츠타야 건너편 109MENS 건물 2층

패션의 발상지

시부야109 SHIBUYA 109 渋谷 109

주소 東京都渋谷区道玄坂 2-29-1 위치 JR 시부야역 하치코 출구에서 도보 3분 시간 10:00~21:00(매장), 11:00~22:00(레스토랑) 휴무 1월 1일 홈페이지 www.shibuya109.jp 전화 03-3477-8111

지상 8층, 지하 2층 규모를 가진 도겐자카의 상징적인 건물이다. 1979년에 '패션 커뮤니티 109'라는 이름으로 처음 문을 연 이 건물 이름은 모회사인 '도쿄 급행'의 준말인 동급(토큐 東急, とうきゅう)에서 유래했다. 이것을 숫자로 읽으면 '10(+[토오와])' '9(きゅう[큐])'라는 숫자로 나눌 수 있으며, 합치면 '109'가 되는 것이다. 그리고 읽을 때는 하나씩 숫자를 나눠서 '1-0-9'→ '이치-마루-큐'로 읽어야 한다. 그래서 시부야 109는 마루큐라는 애칭으로 불리기도 한다. 시부야 109는 루즈 삭스, 레그 워머, 배꼽티, 통굽 구두 등의 패션 아이템을 유행시킨 바 있는 패션의 발상지며, 빠르게 변화하는 도쿄 패션의 중심축이다. 주로 10대 후반에서 20대 초반 여성을 대상으로 하는 120개의 점포가 입점해 있다.

쇼와 시대의 분위기가 남아 있는 먹자골목

시부야논베요코초 のんべい横丁 [논베 요코초]

주소 渋谷区渋谷 1-25 위치 JR 시부야역 하치코 출구에서 도보 3분 홈페이지 www.nonbei.tokyo

시부야역 근처에 있는 논베 요코초의 정식 명칭은 '시부야 도요코 마에 음식가 협동조합'이다. 제2차 세계 대전 이후 먹고살기 위해 시부야역 주변에서 장사를 시작한 것이 그 시초로, 현 도큐 혼도리와 시부야역 앞에서 장사를 하던 사람들이 1959년 지금의 논베 요코초로 모이게 되었다. 논베 요코초는 쇼와 시대의 분위기가 고스란히 남아 있는데 가게들의 규모가 작아 대여섯명의 손님만 들어서면 가득 찬다. 오모이데 요코초보다 손님들의 연령대가 살짝 높은 편이지만 야키토리 같은 서민적인 메뉴뿐 아니라 비스트로나 칵테일을 내놓는 가게도 있어 젊은 여성들이나 외국인 관광객들도 찾고 있다.

지상과 지하, 실내와 야외를 연결하는 독특한 구조

시부야 스트림 渋谷ストリーム [시부야 스토리-무]

주소 東京都渋谷区渋谷 3-21-3 위치 도큐 도요코선·덴엔토시선, 도쿄 메트로 한조몬선·후쿠토신선 시부야역
C2 출구 직결 시간 점포마다 다름 휴무 부정기 홈페이지 shibuyastream.jp 전화 0570-050-428

시부야 스트림은 시부야구 시부야 3가에 소재하는 복합 상업 시
설로 도큐 도요코선의 옛 시부야역 남쪽의 선로 터와 주변 지역
을 재개발해 지어졌다. 저층은 카페와 레스토랑, 고층은 호텔과
오피스 등으로 구성된 복합 시설로, 오피스층은 구글 재팬이 사
용하고 있다. 이 부근에 시부야가와강이 흐르기 때문에 '흐름'이
나 '시내'를 의미하는 스트림 STREAM이라는 명칭이 붙었다.
건물 구조가 독특한데 고저차가 심한 시부야의 지형 문제를 해
결하기 위해, 시부야 스트림에서는 '어반 코어'라는 개념이 도입
되었다. 시부야의 역과 거리, 지상과 지하를 부드럽게 연결하는
수직 이동 장치로, 단순히 빌딩 내에 엘리베이터와 에스컬레이
터 를 설치하는 것이 아니라, 지상과 지하, 실내와 야외를 완만
하게 연결해 나가는 구조이다. 이 때문에 도요코선·덴엔도시
선, 한조몬선·후쿠토신선 지하 3층으로부터 단번에 시부야역
동쪽 출입구로 나갈 수 있고 원형의 데크 다리로 시부야 스크램
블 스퀘어나 시부야 히카리에로 바로 연결된다. 시부야 스트림의 등장으로 시부야가와강과 이나리바시가
재단장되었다. 시부야가와강은 깨끗하게 정비되어 산책로가 되었고, 이나리바시는 이벤트나 콘서트가 열
리는 광장으로 바뀌었다. 이곳들은 낮보다 밤의 풍경이 더 보기 좋다.

Tip. 시부야 스트림호

시설 2층의 관통통로를 걸어 막다른 지점까지 가면 전세계에 하
나밖에 없는 전철 시부야 스트림호가 보인다. 트릭 아트 사진을
찍을 수 있다.

도시 안의 도시

시부야마크시티 Shibuya Mark City, 渋谷マークシティ

주소 東京都渋谷区道玄坂 1-12-1 위치 JR 야마노테선, 도큐 도요코선·덴엔토시선, 도쿄 메트로 긴자선·한조몬선·후쿠토신선 시부야역에서 연결 시간 10:00~21:00(레스토랑 11:00~23:00) 휴무 부정기 홈페이지 www.s-markcity.co.jp/#

시부야 역과 바로 연결되는 상업 시설 건물로, 이스트동과 웨스트동으로 나뉘어 있는 트윈 타워이다. 이스트동은 호텔동으로 지하 1층에서 지상 3층은 마크시티몰이 들어서 있고 4층은 레스토랑이, 5~25층은 시부야 엑셀 도큐 호텔이 들어서 있다. 웨스트동은 오피스동으로 지하 1층에서 지상 3층은 이스트동의 마크시티몰과 연결되어 있으며, 5층부터 오피스가를 형성하고 있다. 돈가스 전문점 와코, 긴자 라이온, 쓰바메 그릴, 스시노미도리 등 인기 레스토랑이 대거 입점해 있으며 여성들에게 인기가 높은 사봉도 입점해 있다. 시부야 도겐자카 방면의 마크시티 출입구는 미국의 아티스트 비토 아콘치가 디자인한 아치 모양의 화려한 장식이 사진 스폿으로 유명하다.

시부야 거리를 한눈에

시부야 후쿠라스 渋谷フクラス [시부야 후쿠라스]

주소 東京都渋谷区道玄坂1-2-3 위치 ❶ JR 야마노테선·사이쿄선·쇼난신주쿠 라인 시부야역 남쪽 개찰구에서 도보 1분 ❷ 도큐 도요코선·덴엔토시선, 게이오 이노카시라선, 도쿄 메트로 한조몬선·긴자선·후쿠토신선 시부야역에서 도보 3분 시간 매장 10:00~21:00(시부야 그란 식당 11:00~23:00) / 옥상 테라스 SHIBU NIWA 11:00~23:00(입장 마감 22:30) 휴무 부정기 홈페이지 shibuya.tokyu-plaza.com/

2019년 쇼핑과 식사를 즐길 수 있는 18층 빌딩의 시부야 후쿠라스가 오픈했다. 유리 외벽과 다채로운 테넌트로 눈길을 끄는 시부야 후쿠라스는 평소에 접할 수 있는 평범한 쇼핑몰에 그치지 않고, 미술 전시회, 소바 및 초밥과 같은 일본 전통 요리, '로봇이 고객을 응대'하는 페퍼 팔러와 같은 전문 레스토랑까지 이용할 수 있다. 다른 층에는 초목과 함께 편안한 좌석, 글로벌 요리와 엔터테인먼트를 즐길 수 있고, 17층에 주변 도시의 아름다운 경치가 가득한 야외 정원 소라니와가 있다. 이곳의 장점은 무료라는 것이다. 이 건물에는 2층부터 8층까지 도큐 프라자 시부야가 있다.

스크램블 교차로의 경치가 볼 만한 복합 쇼핑몰
마그넷 바이 시부야109 MAGNET by SHIBUYA109 [이치마루큐]

주소 東京都渋谷区神南 1-23-10 **위치** JR 시부야역 하치코 출구에서 도보 3분 **시간** 10:00~21:00(매장),
11:00~23:00(레스토랑) **휴무** 1월 1일 **홈페이지** 109mens.jp **전화** 03-3477-8111

2011년 109-2가 리뉴얼해서 남성 패션 빌
딩 109 멘즈로 바뀌었는데, 2018년 5월 마
그넷 바이 시부야 109로 재탄생했다. 시부야
의 자극이라는 콘셉트로 새로운 점포들이 들
어섰다. 개성적인 요리를 자랑하는 7층 '맥 세
븐MAG7'이 화제를 모으고 있고, 장식 김밥 체
험 교실도 개최하는 '오니기리 Bar 시부타니
엔', 마루노우치의 유명 점포 '수타 소바 이시
즈키'가 운영하는 창작 소바점 '고치소 소바 소
라' 등에서 맛있는 음식을 즐길수 있다. 또한
지금까지 개방하지 않았던 옥상이 음악과 아
트 이벤트 등을 펼치는 무대 '맥스 파크MAG's
PARK'로 등장. 여기서만 볼 수 있는 스크램블
교차로의 경치는 볼 만하다.

없는 게 없는 생활용품 전문점
도큐 핸즈 東急ハンズ [토큐한즈]

주소 東京都渋谷区宇田川町 12-18 **위치** JR 시부야
역 하치코 출구에서 도보 7분 **시간** 10:00~21:00 **휴무**
연중무휴 **홈페이지** www.tokyu-hands.co.jp **전화**
03-5489-5111

'창조적인 생활 상점'을 지향하는 도큐 핸즈는 DIY
상품부터 취미, 디자인, 문구는 물론 아웃도어 관
련 제품까지 각종 제품들을 갖추고 있다. 시부야점
은 총 8층으로 각 층별로 다양한 상품이 진열돼 있
으며, 취급 상품에 대한 전문적인 지식을 갖춘 직원
들이 곳곳에 배치돼 있다. 도큐 핸즈 시
부야점은 문방구, 화
장품, 공예품, 인테리
어, 핸드 메이드 잡화
등의 선물을 사기에
알맞은 곳이다.

현지인도 사랑하는 인테리어 숍
로프트 LOFT

주소 東京都渋谷区宇田川町 21-1 **위치** JR 시부야역 하치코 출구에서 도보 5분 **시간** 10:00~21:00(월~토요일), 10:00~20:00(일·공휴일) **휴무** 연중무휴 **홈페이지** www.loft.co.jp **전화** 03-3462-3807

미용, 건강 잡화, 버라이어티 잡화 등을 구비한 생활 잡화 전문점이다. 로프트의 신념은 '이제까지 본 적이 없는 상품, 마음을 설레게 하는 상품'을 갖추는 것이다. 로프트는 문구류나 식기를 비롯해 화장품, 캐리어, 인테리어, 가구까지 약 10만 점이 넘는 상품을 취급하고 있다. 현지인도 즐겨 찾는 곳이며 여행자들이 기념 선물을 구입하기에도 딱 좋다. 6층에 면세 카운터가 있다.

캣 스트리트 끝자락의 새로운 명소
시부야 캐스트 Shibuya Cast

주소 東京都渋谷区渋谷 1-23-21 **위치** ❶ 도쿄 메트로 한조몬선·후쿠토신선, 도큐 토요코선·덴엔토시선 시부야역에서 도보 2분 ❷ JR 야마노테선·사이쿄선·쇼난신주쿠 라인, 도쿄 메트로 긴자선 시부야역에서 도보 7분 **홈페이지** shibuyacast.jp.k.ui.hp.transer.com **전화** 03-5778-9178

2017년 봄에 탄생한 시부야의 새로운 명소이다. 미야시타 공원 북쪽 캣 스트리트 끝자락에 위치한 시부야 캐스트는 차분한 분위기에서 느긋하게 지낼 수 있는 레스토랑과 카페, 그리고 패션 아이템과 잡화를 판매하는 가게와 슈퍼마켓 등이 들어서 있다. 또한, 시부야 캐스트의 얼굴이라고도 할 수 있는 사시사철의 초목으로 둘러싸인 광장에서는 시장, 푸드트럭, 무대 이벤트와 같은 행사가 자주 열린다.

Tip. 시부야의 겨울 일루미네이션, 청의 동굴

도쿄의 겨울 밤을 밝히는 일루미네이션의 순위에서 1위가 '청의 동굴 시부야 青の洞窟 SHIBUYA' 일루미네이션이다. 이 일루미네이션은 원래 2014년 나카메구로에서 처음 개최되었으나 2016년에 시부야로 장소를 옮겼으며, 이제는 겨울 시부야 거리의 대명사라고도 할 수 있다. 장소는 시부야 공원 거리에서 요요기 공원까지 이어지는 느티나무 거리 약 800m를 약 60만 구의 파란색 LED 조명이 환상적으로 물들인다.

155

걷고 싶은 시부야의 거리

오쿠시부야 奥渋谷

오쿠시부야는 시부야 도큐 백화점 본점 뒤쪽 일대부터 도보 10분 거리의 요요기코엔역까지의 거리로 도미가야, 가미야마초, 우다가와초를 포함한 조금은 낯선 지역이다. 수많은 사람들이 오가는 시부야에서 2km 정도 떨어져 있어 한가하고 조용한 분위기의 동네로 작은 카페와 예쁜 잡화점들이 하나 둘씩 들어서면서 사람들이 모여들고 있다. 근래 한국인 여행자들도 자주 찾는 지역이기도 하다. 오쿠 시부야는 시부야역에서 출발해도 좋고, 요요기 공원에서 출발해도 좋다.

교통편 ❶도쿄 메트로 치요다선 요요기코엔역 하차 **❷**시부야역에서 시부야 109 방향의 분카무라 거리 쪽으로 도보 15~20분 직진

여행법 가장 일반적인 여행 코스는 요요기코엔역에서 출발해서 시부야역 방향으로 이동하는 것이다. 조용한 거리를 천천히 산책하다가 커피숍이나 빵집, 디저트 가게에 들러 쉬는 것을 추천한다. 시부야역에서 이동했다면 커피와 간식을 요요기 공원에서 즐기는 것도 괜찮다.

Best Course

오쿠시부야 추천 코스

요요기코엔역
↓
바로

요요기 공원
↓
도보 2분

365일
↓
도보 4분

나타 데 크리스티아노
↓
도보 2분

푸글렌 도쿄
↓
도보 3분

캐멀백
↓
도보 4분

시부야 치즈 스탠드
↓
도보 2분

우오리키 오쿠시부
↓
도보 10분

시부야역

도쿄에서 가장 큰 공원
요요기 공원 代々木公園 [요요기 코엔]

주소 東京都渋谷区代々木神園町・神南 2丁目 위치 ❶ JR 동일본 하라주쿠역에서 도보 3분 ❷ 도쿄 메트로 치요다선·후쿠토신선 메이지진구마에역 하차, JR 하라주쿠역과 메이지 신궁에 통하는 출구에서 나와 도보 3분 ❸ 도쿄 메트로 치요다선 요요기코엔역에서 도보 3분 홈페이지 www.tokyo-park.or.jp/park/format/index039.html

도쿄에서 네 번째로 큰 도립 공원인 요요기 공원은 드넓은 부지와 다양한 수목이 어우러져 울창한 삼림 속 개방감을 만끽하기 좋은 장소로도 이미 널리 알려져 있다. 이 공원은 하라주쿠역, 요요기코엔역, 메이지진구마에역, 요요기하치만역에 인접해 하라주쿠, 오모테산도, 시부야로부터 사람들이 대부분 모이는 장소이기도 하다. 이 공원은, 이노카즈라 거리를 끼고 분수가 있는 북측의 A지구와 스포츠 시설이나 이벤트홀 등이 있는 남쪽의 B지구로 나뉘어 있다.

북유럽 감성의 카페
푸글렌 도쿄 FUGLEN TOKYO

주소 東京都渋谷区富ケ谷1-16-11 1F 위치 ❶ 도쿄 메트로 치요다선 요요기코엔역 2번 출구에서 도보 5분 ❷ 오다큐선 요요기하치만역에서 도보 7분 ❸ JR 야마노테선 하라주쿠역에서 도보 10분 시간 07:00~22:00(월~화), 07:00~다음 날 01:00(수~일) 휴무 부정기 홈페이지 www.fuglen.com 전화 03-3481-0884

흔히 북유럽 감성의 커피라고 부르는 푸글렌은 노르웨이에서 탄생한 프랜차이즈 커피숍이다. 노르웨이어로 '새'라는 뜻의 이름답게 새 로고가 가게의 상징이다. 푸글렌이 첫 해외 지점으로 선택한 곳이 바로 도쿄 시부야이다. 커피를 좋아하는 여행자라면 꼭 한번 들러 볼 만한 가게이다. 물론 도쿄에는 괜찮은 커피숍이 많지만 이곳은 북유럽풍의 커피라는 특징이 있고, 위치와 가격이 좋기 때문이다. 날씨가 좋다면 테이크아웃으로 주문해서 요요기 공원으로 가지고 산책 갈 수도 있다.

에그 타르트 맛집
나타 데 크리스티아노 Nata de Cristiano, ナタ デ クリスチアノ

주소 東京都渋谷区富ヶ谷1-14-16-103 **위치** 도쿄 메트로 치요다선 요요기코엔역 2번 출구에서 도보 3분 **시간** 10:00~19:30 **휴무** 연중무휴 **홈페이지** www.cristianos.jp/nata **전화** 03-6804-9723

나타 데 크리스티아노는 포루투갈 과자인 에그 타르트를 판매하는 가게이다. 이곳의 에그 타르트는 강한 불로 구워 내기 때문에 겉은 아삭아삭하고 살짝 짭짤한 맛이 특징이며 먹는 동시에 입안에서 계란 크림이 녹는다.

샌드위치와 진한 카페라테가 일품
캐멀백 CAMELBACK sandwich & espresso

주소 東京都渋谷区神山町42-2 **위치** 도쿄 메트로 치요다선 요요기코엔역 2번 출구에서 도보 7분 **시간** 09:00~17:00 **휴무** 월요일 **홈페이지** camelback.tokyo **전화** 03-6407-0069

한국인 여행자들 사이에도 이미 입소문이 자자한 가게이다. 한정 수량으로 판매하는 계란말이 샌드위치와 진한 카페라테가 일품이다. 워낙 작은 공간이라 내부의 좌석은 없고, 바깥에는 세 명 정도 겨우 앉을 만한 벤치가 있을 뿐이다.

당일 만든 신선한 치즈
시부야 치즈 스탠드 SHIBUYA CHEESE STAND

주소 東京都渋谷区神山町5-8 **위치** 도쿄 메트로 치요다선 요요기코엔역 2번 출구에서 도보 6분 **시간** 화~토 11:00~23:00, 일·공휴일 11:00~20:00 **휴무** 월요일 **홈페이지** cheese-stand.com **전화** 03-6407-9806

2012년 6월에 오픈한 이곳은 당일 만든 신선한 치즈를 먹을 수 있는 곳이다. 치즈는 매일 13~14시 정도에 만들어진다. 갓 만들어진 고소한 치즈를 맛보고 싶다면 점심 무렵에 방문해야 한다.

기본에 충실한 빵집

365일 365日 [산바쿠로쿠쥬우고니치]

주소 東京都渋谷区富ヶ谷1-2-8 위치 도쿄 메트로 치요다선 요요기코엔역 2번 출구에서 도보 2분 시간 07:00~19:00 휴무 연중무휴 홈페이지 ultrakitchen.jp/brands/#b365 전화 03-6804-7357

푸글렌에서 조금 더 위로 올라가면 골목 안에 현지인들도 줄을 서는 베이커리가 있다. 오너 셰프 스기쿠보 아키마사의 경영 철학이 가득 담긴 이 가게는 다양하고 특색 있는 빵보다 빵의 기본적인 맛에 충실하다. 이곳의 대표 메뉴는 크로캉 쇼콜라. 고객들 사이에서는 어른의 초코빵이라고 불린다. 빵 사이에 가나슈를 가득 넣었다. 평범한 것 같은 빵가게인데도 항상 손님들로 붐비는 곳이며, 소문을 듣고 찾아온 외국인 여행자도 많이 볼 수 있다. 푸글렌의 커피와 365일의 빵을 구입해서 요요기 공원에서 맛보는 것을 추천한다.

100년 전통의 생선구이 맛집

우오리키 오쿠시부 魚力奥渋 [우오리키 오쿠시부]

주소 東京都渋谷区神山町 40-4 위치 JR 시부야역에서 도보 10분 시간 월~토 11:00~14:10(런치), 17:30~19:20(디너) 휴무 일요일, 공휴일 홈페이지 uorikiec.com 전화 03-3467-6709

흔히 볼 수 있는 생선구이 가게이지만, 식사 시간이면 긴 대기열을 감오해야 하는 곳이다. 가게의 역사가 100년이 훨씬 넘은 노포로서, 오쿠시부야의 터줏대감 중의 하나이다.

아름다운 공간, 쓰타야가 있는 곳

다이칸야마 代官山

최신 유행의 발상지인 다이칸야마는 고급 주택지와 외국 대사관 그리고 외국인 주거지가 모여 있어 이국적인 분위기가 느껴지는 곳이다. 시부야와 에비스, 나카메구로와 인접해 있으며, 복잡한 시부야와는 다르게 차분하면서 여유로운 풍경을 즐길 수 있는 곳이기도 하다. 그래서 특별한 계획 없이 발길 닿는 대로 걷는 것이 다이칸야마의 여행법이다. 큰 거리 뒤편 좁은 골목길에는 다양하고 스타일리시한 패션 아이템이 가득한 작은 가게들이 있다. 그리고 세련된 카페와 레스토랑이 곳곳에 있어 여행자들에게 매력적인 동네이다.

교통편 (도큐 도요코선) 다이칸야마역

여행법 • 도큐 도요코선의 완행 열차만이 다이칸야마역에서 멈추기 때문에 가능하면 나카메구로나 에비스와 함께 묶어 도보로 여행하는 것이 좋다. 물론 시부야나 오모테산도까지도 걸어갈 수 있다.

• 다이칸야마의 핵심 여행은 다이칸야마 로그로드와 쓰타야 서점, 그리고 두 곳을 잇는 작은 골목길에 있는 수많은 카페와 편집 숍을 돌아보는 것이다. 특히 쓰타야 서점 뒤편 골목길에는 나나미카, MHL, 메종키츠네, A.P.C 같은 유명한 패션 매장이 숨어 있다. 쇼핑이 목적이라면 다이칸야마에서 캣 스트리트를 거쳐 오모테산도까지 이동하면서 빈티지 숍이나 편집 숍을 돌아보는 코스를 추천한다.

• 나카메구로에서 출발했다면 쓰타야 서점, 카페 미켈란젤로 등을 먼저 보고 로그로드를 거쳐 시부야로 이동하는 것이 좋고, 시부야 방향에서 왔다면 로그로드를 먼저 보는 것을 추천한다.

다이칸야마 로그로드
代官山ログロード

가든 하우스 크래프츠
GARDEN HOUSE CRAFTS

스프링 밸리 브루어리 도쿄
SPRING VALLEY BREWERY TOKYO

다브로즈
タブローズ

메니나
メニーナ
메종 기쓰네
Maison Kitsune

아이비 플레이스
Ivy Place
T-Site Garden

가마와누_다이칸야마점
かまわぬ代官山店

다이칸야마 어드레스
代官山アドレス

쓰타야 서점
蔦屋書店

다이칸야마공원
代官山公園

나나미카
ナナミカ

2-3 카페
2-3 Cafe

카페 미켈란젤로
カフェ ミケランジェロ

사루가쿠
Sarugaku

복쪽출구

다이칸야마역
代官山駅

마쓰노스케 뉴욕
Matsunosuke N.Y

힐사이드 테라스
ヒルサイドテラス

정면출구   동쪽출구

다이칸야마

Best Course

다이칸야마 추천 코스

나카메구로
✛
도보 10분
쓰타야 서점
✛
도보 1분
아이비 플레이스
✛
도보 8분

다이칸야마 로그로드

✛
도보 4분
다이칸야마역

다이칸야마의 랜드마크
다이칸야마 어드레스 代官山アドレス [다이칸야마 아도레스]

주소 東京都渋谷区代官山町17-6 위치 도큐 도요코선 다이칸야마역에서 도보 2분 시간 10:00~22:00(1층), 11:00~20:00(2~3층) 휴무 1월 1~2일 홈페이지 www.17dixsept.jp 전화 0570-085-586

다이칸야마의 랜드마크인 다이칸야마어드레스는 2000년 구 도준카이 아파트 자리에 지어진 도시형 주상 복합 시설이다. 다이칸야마어드레스는 36층의 주거 시설인 더 타워, 패션 빌딩 디세dixsept, 길 위에 상점이 늘어서 있는 어드레스 프롬나드, 공공 시설인 시부야구 다이칸야마 스포츠 플라자로 구성돼 있다. 부지 안에 공원과 다목적 광장들이 있다. 디세는 프랑스어로 숫자 '17'을 의미하며 복합 쇼핑몰인 이곳이 다이칸야마 17번지라서 붙여진 이름이다. 다이칸야마역과는 구름다리로 연결돼 있고 그 다리를 넘어서 하치만도리로 가는 길목에 위치한다. 1층의 카페 '쉐 류이[シェ・リュイ]'는 역사가 오래된 유명 빵집으로 맛있는 케이크나 샌드위치를 먹으며 티타임을 가질 수 있다.

100년 넘은 염색 기법으로 만든 천 판매
가마와누_다이칸야마점 かまわぬ代官山店 [카마와누 다이칸야마텐]

주소 東京都渋谷区猿楽町 23-1 위치 도큐 도요코선 다이칸야마역에서 북쪽 출구에서 도보 3분 시간 11:00~19:00 휴무 연말연시 홈페이지 www.kamawanu.co.jp 전화 03-3780-0182

가마와누는 데누구이(다용도 천)를 판매하는 가게다. 데누구이의 생김새는 손수건과 비슷한데, 손이나 몸을 닦거나 햇빛을 가리거나 먼지를 막기 위해 사용하는 등 그 쓸모가 다양해서 에도 시대 사람들은 누구든지 한 장씩 지니고 있었다고 한다. 가마와누 데누구이는 크기가 대략 33×90cm이다. 이곳은 기술자가 무명 표백천을 소재로 100년이 넘게 이어 온 염색 기법 '주센(방염법의 일종)'을 이용해 직접 손으로 만든다. 기념 선물로도 좋다.

건축물이 아름다운 복합 상점
힐사이드 테라스 ヒルサイドテラス [히루사이도테라스]

주소 東京都渋谷区猿楽町 29-18 위치 도큐 도요코선 다이칸야마역에서 도보 5분 시간 가게마다 다름 홈페이지 www.hillsideterrace.com 전화 03-5489-3705

기하학적인 디자인과 하얀 벽이 주변 환경과 잘 어우러지는 곳이다. 주택, 상점, 오피스로 이루어진 복합 시설로 1967년부터 1992년까지 30여 년의 기간에 걸쳐 건설됐다. 일본의 유명 건축가 마키 후미히코가 일관된 도시 공간과 기능을 고려해 설계했다. 다이칸야마 거리의 이미지를 있는 그대로 잘 표현한 건축물로 평가받는다. 모두 6개의 독립적인 건물로 구성돼 있고 각기 다른 매장들이 자유롭고 편안한 분위기 속에서 운영되고 있다. 개방적인 디자인의 건물 내부에는 이탈리아, 프랑스, 일본 등 각국 음식점과 카페, 그리고 다양한 상업 시설과 아트 갤러리, 잡화점들이 한데 모여 있다.

하루 종일 있어도 즐거운 곳
쓰타야 서점 蔦屋書店 [츠타야 쇼텐]

주소 東京都渋谷区猿楽町 17-5 위치 도큐 도요코선 다이칸야마역에서 도보 5분 시간 07:00~23:00 홈페이지 store.tsite.jp/daikanyama 전화 03-3770-2525

한국인 여행자에게도 익숙한 다이칸야마 쓰타야 서점은 서점 체인 쓰타야 북스TSUTAYA Books의 새로운 콘셉트 서점으로 2011년에 영업을 개시했다. 쓰타야 서점에서는 국내외 서적과 잡지뿐 아니라, 음악, 영상, 생활 가전 등 일상생활에 필요한 상품을 제공해 새로운 라이프스타일을 제안하는 것으로 유명해졌다. 서점은 3개의 건물로 구성되어 있다. 2호관 2층에는 카페 라운지 '안진Anjin'이 있는데 간단한 식사도 할 수 있다. 3호관 2층은 셰어 라운지로 제공된다. 일종의 공유 오피스 개념으로, 일정 금액을 지불하면 편안한 분위기에서 책을 읽거나 업무를 볼 수 있고 음료 바도 이용할 수 있다.

숲 속의 도서관 같은 분위기의 레스토랑
아이비 플레이스 IVY PLACE

주소 東京都渋谷区猿楽町 16-15 DAIKANYAMA T-SITE GARDEN 위치 도큐 도요코선 다이칸야마역에서 도보 5분 시간 08:00~23:00 휴무 연중무휴 홈페이지 www.tysons.jp/ivyplace/en 전화 03-6415-3232

숲의 도서관을 이미지화한 아이비 플레이스는 앤티크 가구를 활용한 카페·바·다이닝이 다른 3개의 공간으로 구성되어 있다. 가든 하우스 크래프츠처럼 이른 아침(8시)부터 문을 열기 때문에, 다이칸야마를 여행할 때 아침 식사를 하며 다른 가게들이 문을 여는 시간까지 기다릴 수 있다. 가격대는 아이비 플레이스가 더 높다.

건축물이 아름다운 복합 상점
다이칸야마 로그로드 ログロード代官山 [로구로오도 다이칸야마]

주소 東京都渋谷区代官山町 13-1 위치 도큐 도요코선 다이칸야마역에서 도보 4분 홈페이지 www.logroad-daikanyama.jp/language.php#tabs04

도요코선이 달렸던 전체 길이 220m의 선로 자리에 지어진 새로운 형태의 상업 공간 로그로드 다이칸야마. 4개의 점포 외 산책로와 사계절마다 꽃과 녹음을 즐길 수 있는 랜드 스케이프가 있다. 점포는 수제 맥주를 제공하는 기린 맥주의 새로운 사업인 스프링 밸리 브루어리 도쿄SPRING VALLEY BREWERY TOKYO와 맛있는 식사와 빵을 제공하는 가든 하우스 가마쿠라의 2호점 '가든 하우스 크래프츠GARDEN HOUSE CRAFTS 등이 있다. 다이칸야마역과 한국인들이 많이 찾는 다이칸야마 쓰타야와 가까워, 다이칸야마 여행 시 함께 돌아보는 것이 좋다.

천연 효모 빵과 크림 타르트가 인기인 맛집
가든 하우스 크래프츠 GARDEN HOUSE CRAFTS

위치 다이칸야마 로그로드 내 시간 08:30~18:00(평일), 08:30~19:00(토·일) 홈페이지 www.tgp.co.jp
전화 03-6452-5200

제철 식재료를 사용한 신선한 델리와 소재에 신경 써 국산 밀가루로 만든 빵을 판매하고 있으며 직접 만든 빵에 제철 재료를 넣어 만든 샌드위치 등을 먹을 수 있다. 로그로드에서 비교적 많은 여행자가 찾는 곳으로, 먹을수록 깊은 맛이 나는 천연 효모 빵과 크림 타르트 등이 인기가 높다. 야외 테라스에도 좌석이 있어, 아침이나 저녁 시간에 한가롭게 식  사하는 사람들이 많다. 이외에도 국내외 셰프들을 게스트로 초청해, 기간 한정 메뉴도 만들고 있다. 브런치로 유명한 곳이므로 아침 시간에 가는 것을 추천한다. 오전 8시 30분에 문을 열기 때문에 이곳에서 괜찮은 아침 식사를 즐길 수 있다.

다양한 수제 맥주를 즐길 수 있는 곳
스프링 밸리 브루어리 도쿄 SPRING VALLEY BREWERY TOKYO

위치 다이칸야마 로그로드 내 시간 08:00~24:00(월~토), 08:00~22:00(일, 공휴일) 전화 03-6416-4960

멋진 외관과 높은 천장, 깔끔한 분위기에 다양한 수제 맥주를 직접 맛볼 수 있는 곳이다. 일본어를 못해도 영어를 잘하는 종업원들과 영어 메뉴가 있으며, 맥주와 곁들이는 안주 또한 호평을 받는 곳이다. 여섯 종류의 맥주를 맛볼 수 있으며, 양조장임에도 불구하고 아침 식사를 즐길 수 있다.

이탈리안풍의 고급스러운 카페
카페 미켈란젤로 カフェ ミケランジェロ [카훼 미케란제로]

주소 東京都 渋谷区猿楽町 29-3 위치 도큐 도요코선 다이칸야마역에서 도보 5분 시간 11:00~22:30 휴무 연중무휴 홈페이지 www.hiramatsurestaurant.jp/michelangelo 전화 03-3770-9517

규야마테도리의 녹음과 가장 잘 어울리는 카페로, 이탈리안 카페를 그대로 재현하고 있다. 테라코타로 된 바닥, 앤티크풍의 가구, 클래식한 조명이 조화를 이루어 멋들어진 카페 풍경을 연출하고 있다. 파스타 등 간단한 식사와 유명 커피를 맛볼 수 있으며, 더운 여름날이면 다이칸야마의 밤거리를 보며 마시는 맥주 한잔은 여행의 피로를 덜어내기에 충분하다.

아메리칸풍의 케이크 가게
마쓰노스케 뉴욕 MATSUNOSUKE N.Y

주소 東京都渋谷区猿楽町 29-9 위치 도큐 도요코선 다이칸야마역에서 도보 5분 시간 09:00~18:00(평일, 주문 마감 17:30), 09:00~19:00(토·일·공휴일, 주문 마감 18:30) 휴무 월요일 홈페이지 www.matsunosukepie.com 전화 03-5728-3868

다이칸야마 힐사이드 테라스에 있는 아메리칸 스타일의 케이크 가게다. 애플파이와 디저트를 주로 판매한다. 가게 안은 심플하고, 창밖으로 규야마테도리의 가로수 풍경을 볼 수 있다. 애플파이 외에 뉴욕 치즈 케이크 파이, 스콘, 파운드 케이크(커피 케이크), 비스킷 등의 메뉴가 있다.

벚꽃 아래를 걷는

나카메구로 中目黑

2013년에 방영된 일본 드라마 〈최고의 이혼〉 촬영지로 유명한 나카메구로는 메구로강을 따라 도시와 자연이 공존하는 지역이다. 그중에서 특히 유명한 메구로강의 산책로는 계절과 밤낮에 따라 다양한 분위기를 보여 준다. 평소에는 푸른색의 가로수와 조용한 분위기가 특징인 가벼운 산책길로 통하지만 벚꽃 시즌이 되면 도쿄의 그 어느 곳보다 많은 사람들이 방문하는 벚꽃 명소로 통한다. 도큐 도요코선으로 지유가오카, 다이칸야마, 시부야 등으로 이동이 편리하고 히비야선으로 롯폰기, 긴자와도 연결돼 있다.

나카메구로 관광 홈페이지 meguro-kanko.com

교통편 (도큐 도요코선, 히비야선) 나카메구로역
여행법 나카메구로 여행의 재미는 강 주변의 골목길에 숨어 있는 예쁜 카페와 가게들을 찾아가는 것이다. 다이칸야마에서 도보 10분이면 가는 곳이기 때문에 벚꽃이 피는 시기나 녹음이 우거지는 시기라면 들러 보자. 구석구석 예쁜 동네라서 혼자서 산책하듯 돌아보아도 좋다.

> **Tip.** 메구로강의 벚꽃
>
> 4월이면 약 4km에 걸쳐 800그루의 벚꽃이 펼쳐지는 곳으로 도쿄에서도 제 1의 벚꽃명소로 유명하다. 양쪽 강변의 벚꽃이 수면에 닿을 정도로 가득 피어나는데 나카메구로 벚꽃 축제 시기에는 등롱에 불이 켜지고, 덴진바시에서 호라이바시까지 조명이 비춰져 밤 벚꽃을 즐길 수 있다.
>
>
>
> **주소** 東京都目黑区中目黑2丁目 부근 **위치** 도큐 도요코선 나카메구로역에서 도보 2분

나카메구로

스게카리 공원
菅刈公園

사이고우야마 공원
西郷山公園

르 자퐁
ル・ジャポン

세네갈 대사관
セネガル大使館

이집트 아랍 공화국 대사관
エジプトアラブ共和国大使館

스타벅스 리저브 로스터리 도쿄
STARBUCKS RESERVE ®
ROASTERY TOKYO

알라스카
アラスカ

돈키호테 HLDGS
ドンキホーテ HLDGS

메구로 히가시야마이치 우체국
目黒東山一郵便局

패밀리마트
FamilyMart

후쿠사야
福砂屋

아오바다이
青葉台

히가시야마 도쿄
Higashiyama Tokyo

쓰키지 스시코
築地すし好

아카마루
アカマル

바치오네
Bacione

치즈 케이크 요한
Cheese Cake Johann

KKR 호텔 나카메구로
KKR ホテル中目黒

나카메구로 고가시타 상점가
中目黒高架下

나카메구로 역
中目黒駅

나카메구로
쓰타야 서점
中目黒蔦屋書店

히가시야마
東山

나카메구로 GT
中目黒GT

도큐 도요코선 東急東横線

오니버스 커피
ONIBUS COFFEE 中目黒店

메구로 구청
目黒区役所

캘리포니아 스토어
California Store

Best Course

나카메구로 추천 코스

나카메구로역

↓
도보 2분

오니버스 커피

↓
도보 5분

치즈 케이크 요한

↓
도보 10분

스타벅스 리저브 로스터리 도쿄

↓
도보 10분

다이칸야마

Tip. 벚꽃 시즌(3월 말~4월 초)

나카메구로역 서쪽 출구에서 아홉 번째 다리 난부바시부터 나카메구로역 동쪽 출구의 사이카치바시까지의 벚꽃 터널을 보면 된다. 전체 거리는 도보로 약 20~30분이다.

치즈 본연의 맛이 살아 있는 곳
치즈 케이크 요한 CHEESE CAKE JOHANN ヨハン

주소 東京都目黒区上目黒 1-18-15 **위치** 도큐 도요코선 나카메구로역에서 도보 5분 **시간** 10:00~18:30
휴무 연중무휴 **홈페이지** johann-cheesecake.com **전화** 03-3793-3503

한국인들에게도 유명한 수제 치즈 케이크 전문점이다. 할아 버지의 치즈 가게라는 별칭도 있다. 퇴직한 창업자 와다 사장 은 미국의 친구 집에서 진수성찬으로 차려 준 홈메이드 치즈 케이크에 감동해 1978년에 이 가게를 열었다. 요한의 치즈 케이크는 향료, 착색물, 보존 물질, 물 등을 일절 사용하지 않 아 치즈의 진한 맛이 돋보이도록 하고 달콤함은 줄였다.

철도 고가다리 아래에 들어선 예쁜 가게들
나카메구로 고가시타 상점가 中目黒高架下 [나카메구로 고가시타]

주소 東京都目黒区上目黒 2-45-14 **위치** 도쿄 도요코선 나카메구로역에서 바로 **홈페이지** nakame-koukashita.tokyo

최근 도쿄의 재개발 사업 중 하나가 철도 선로 아래의 공간을 활용하는 것인데 2016년 나카메구로에 있는 약 700m 길이의 고가다리 아래에 깨끗하고 예쁜 가 게들이 입점하여 '나카메구로 고가시타'가 탄생했다. 현재 나카메구로 쓰타야 서점과 스타벅스, 옷집, 음 식점, 프렌치토스트와 와인 전문점을 비롯해 약 30개 점포가 들어서 있다.

· 나카메구로 고가시타 상점가 ·
INSIDE

나카메구로 쓰타야 서점 中目黒蔦屋書店 [나카메구로 쓰타야쇼텐]

2016년 11월에 나카메구로 쓰타야 서점이 오픈했다. 다이칸 야마 쓰타야 서점과 마찬가지로 심플한 디자인으로, 많은 'T'자 형 로고가 드러나도록 배치돼 있다. 은은한 빛을 내는 안락한 공 간에는 책, 잡지, 음악, 잡화가 진열돼 있으며, 일상과 밀접함을 어필한 콘셉트 숍이다. 서점에는 책을 읽을 수 있는 테이블과 의 자가 다수 설치돼 있으며, 스타벅스 커피도 입점해 있다.

주소 東京都目黒区上目黒 1-22-10 **위치** 도큐 도요코선 나카메구로역 정면 개찰구에서 바로 **시간** 07:00~24:00 **휴무** 연중무휴 **전화** 03-6303-0940

철길 옆의 예쁜 카페
오니버스 커피 ONIBUS COFFEE中目黒店 [오니버스 코히 나카메구로텐]

주소 東京都目黒区上目黒 2-14-1 위치 도큐 도요코선 나카메구로역에서 도보 5분 시간 09:00~18:00 휴무 부정기 홈페이지 www.onibuscoffee.com 전화 03-6412-8683

나카메구로역에서 5분 거리에 있는 작은 커피 가게로 나카메구로 지역에서 유명세를 얻고 있는 곳이다. 크지 않은 건물이지만 1층에서 커피를 구입하고 2층으로 올라가면 창문으로 철길이 보이는 아담한 공간이 있다. 편안하게 수다를 떨어도 좋을 것 같은 분위기에 깊은 맛의 커피가 잘 어울리는 곳이다.

세계 5번째의 스타벅스 리저브 로스터리
스타벅스 리저브 로스터리 도쿄
STARBUCKS RESERVE ® ROASTERY TOKYO

주소 東京都 目黒区 青葉台 2-19-23 위치 ❶ 히비야선, 도큐 도요코선 나카메구로역에서 도보 14분 ❷ 덴엔토시선 이케지리오하시역 동쪽 출구에서 도보 14분 시간 07:00~23:00(주문 마감 22:30) 휴일 부정기 홈페이지 www.starbucks.co.jp/?nid=mm 전화 03-6417-0202

나카메구로의 핫 스폿이 된 스타벅스 리저브 ® 로스터리 도쿄는 2019년 2월 말에 메구로가와강 가에 개업했다. 시애틀, 상하이, 밀라노, 뉴욕에 이어 세계에서 5번째 스타벅스 리저브 ® 로스터리이다. 설계와 디자인은 스타벅스의 수석 디자인팀과 세계적인 건축가 구마 겐고의 컬래버레이션으로, 일본의 전통과 현대적인 모습이 융합된 건축 공간을 창출하여 멋진 커피 문화와 스타벅스의 세계관을 오감으로 체험할 수 있다.
매장 안에 들어가면 1층의 층고가 높은 개방적인 공간이 펼쳐진다. 2층의 '티바나™'에는 다양한 차 음료가 준비되어 있으며, 일본의 전통차를 현대적으로 즐길 수 있다. 3층의 칵테일 바 '아리비아모™'는 고객이 칵테일 제조 과정을 가까이에서 관람하는 기회를 제공하고 있다. 이 건물의 매력을 더 알고 싶다면 3층과 4층의 테라스석을 추천한다. 매장 안에서 눈에 띄는 것은 17m에 달하는 붉은 동판으로 된 로스팅 장치이다. 로스팅 장치의 표면에는 전통 기법인 '쓰치메'를 이용한 망치 자국이 새겨져 있다. 또한 4층에서 늘어뜨린 동판으로 된 벚꽃은 마치 공중을 수놓는 것처럼 아름다운 광택을 뽐내고 있는데 모두 장인이 하나하나 수작업으로 만든 것이다. 커피를 마시면서 머무는 동안 '종이접기'를 모티브로 설계한 천장도 잊지 말고 감상해 보자.

여성을 위한 여성만의 거리

지유가오카 自由が丘

도쿄도 메구로구에 있는 지유가오카는 도쿄에서 살고 싶은 거리에 대한 설문 조사에서 항상 상위권에 들어가는 곳이다. 과거 이 지역은 대나무 숲이었다. 지유가오카라는 이름은 1927년 도큐 도요코선이 개통하면서 같은 해에 개교한 지유가오카 학원의 이름을 딴 것이다. 늘 인파가 넘쳐나는 시부야와는 달리 지유가오카는 고급 주택가를 배경으로 세련되고 고급스러운 이미지를 지니고 있다. 일본 여성들은 물론 도쿄를 여행하는 여성 여행자들의 절대적인 지지를 받는 이유가 여기에 있다. 역을 나서면 3 개의 메인 거리에 개성 있는 의류 상점은 물론, 다양한 소품과 주방용품 등을 판매하는 상점들이 많다. 또한 지유가오카는 케이크 몽블랑의 일본 발상지로서 과자 명품점이 많아 제과의 거리라고도 불린다.

지유가오카 관광 홈페이지 www.jiyugaoka-abc.com

교통편 (도큐 도요코선) 지유가오카역, (도큐 오이마치선) 지유가오카역

여행법 • 시부야에서 출발해 하루 일정으로 나카메구로와 지유가오카, 후타코타마가와를 돌아보는 것이 좋다.

• 지유가오카역에 도착해 정면 출구로 나가면 자유의 여신상이 보인다. 그 대각선 방향으로 오른쪽으로 난 길이 가토레아도리고, 그 길을 쭉 따라 올라가면 라 비타와 고소안이 보인다. 라 비타에서 북서쪽으로 한 블록 더 올라가면 가베라도리가 있고 지유가오카 학원을 지나서 유명 제과점 몽상클레르가 나온다. 지유가오카 지역은 다양한 잡화와 달콤한 메뉴들이 즐비한 것으로 유명하기 때문에 한 곳에서만 시간을 보내다 보면 하루가 금방 지나가 버린다. 남쪽 출구에 있는 스위츠 포레스트, 트레인치, TWG 티를 둘러보기에도 의외로 시간이 많이 필요하다. 여행을 떠나기 전 각 지역에서 머물 시간을 배분해 두는 것이 중요하다.

• 지유가오카는 잡화로 유명하다. 앙증맞으면서도 담백한 디자인의 그릇과 소품들에 정신을 빼앗기다 보면 계속 지갑이 열리게 되니 지출 계획을 미리 세워 두는 것도 좋다.

지유가오카 롤야
自由が丘ロール屋

몽상클레르
モンサンクレール

라 비타
ラ・ヴィータ

고소안
古桑庵

시나몬 스틱
Cinnamon Stick

루피시아
ルピシア

호치포치
Hotch Potch

라즈
Luz

스타벅스
Starbucks

몽블랑
Mont-Blanc

로손
Lawson

체크&스트라이프
Check&Stripe

카페 라 보엠
Cafe La Boheme

쓰타야
Tsutaya

북오프
Book-Off

맥도날드
Mc'Donalds

자유의 여신상

북쪽출구

정면출구

지유가오카역
自由が丘驛

스위츠 포레스트
スイーツフォレスト

그린 스트리트

TWG 티
TWG Tea

남쪽출구

블랑제 아사노야
ブランジェ浅野屋

베이크 치즈 타르트
ベイク チーズタルト

트레인치
Trainchi

Best Course

지유가오카 추천 코스

지유가오카역
◎
도보 10분
몽상클레르
◎
도보 5분
라 비타 & 고소안
◎
도보 8분

몽블랑
◎
도보 5분
트레인치
◎
도보 10분
스위츠 포레스트
◎
도보 5분
지유가오카역

천재 파티시에의 케이크를 맛볼 수 있는 곳
몽상클레르 Mont St. Clair モンサンクレール [몬산쿠레에루]

주소 東京都目黒区自由が丘 2-22-4 위치 도큐 도요코선 지유가오카역 정면 출구에서 도보 10분 시간
11:00~19:00 휴무 수요일 홈페이지 www.ms-clair.co.jp 전화 03-3718-5200

몽상클레르는 천재 파티시에 쓰지구치 히로노부가 직접 만든
케이크를 맛볼 수 있는 곳이다. 쓰지구치 히로노부는 23세 최
연소 나이로 프랑스 파티시에 콘테스트에서 우승했고 일본 맛
집 프로그램에서 1위를 차지한 후 유명해졌다. 몽상클레르는
지유가오카의 스위츠 가게에서 빠지지 않는 유명 가게. 예
술의 경지에 이른 케이크를 맛보려는 사람들로 늘 인산인해
다. 1996년 프랑스 주최 소펙사 SOPEXA 대회 우승작인 육각
형 모양의 케이크 '세라비 C'est la vie'를 비롯해 몽상클레르 언덕을 형상화한 '몽상클레르', 하얀 알프
스산 모양의 '몽블랑' 등 화려하고 다양한 디저트를 판매한다. 지유가오카 학원을 지나서 바로 있다.
참고로 서울 남산의 반얀트리 호텔에도 몽상클레르 매장이 있다.

홍차 마니아들의 명소
TWG티 TWG TEA ティーダブリュージー ティー [티이다부류우지이 티이]

주소 東京都目黒区自由が丘 1-9-8 위치 도큐 도요코선 지유가오카역 남쪽 출구에서 도
보 1분 시간 10:00 ~ 21:00 휴무 연중무휴 홈페이지 www.twgtea.com 전화 03-
3718-1588

싱가포르 유명 홍차 메이커 TWG 매장이다. 세계 36개국의 차 농장에서 들
여온 800종의 찻잎에 꽃과 과일을 가한 오리지널 브랜드가 있지만, 지유가
오카 매장에서는 그중 260종의 차를 판매한다. 매장 내부에는 22석 정도의
자리가 있고 차를 마시거나 식사를 하는 여성 손님들로 가득 차 있다. 홍차와 곁
들여 먹는 마들렌이나 스콘, 사과와 시나몬의 파운드 케이크도 유명하다.

늘 문전성시를 이루는 치즈 타르트 전문점
베이크 치즈 타르트 Bake cheese tart
ベイク チーズタルト [베에쿠 치이즈타루토]

주소 東京都目黒区自由が丘 1-31-10 위치 도큐 도요코선 지유가
오카역에서 남쪽 출구에서 도보 1분 시간 11:00~20:00 휴무 연중무
휴 홈페이지 bakecheesetart.com 전화 03-5726-8861

항상 줄이 길게 늘어서 있는 가게로, 갓 구운 치즈 타르트는 산뜻
하고 가벼운 맛이 특징이다. 홋카이도 하코다테산과 풍미가 있는
프랑스산 치즈를 골고루 섞어서 만든다.

가토레아도리

지유가오카역 정면 출구에서 북쪽 방향으로 이어진 1차선 거리가 메인 스트리트인 가토레아도리다. 이곳은 일본이 아닌 유럽의 한 나라에 와 있는 게 아닌가 하는 착각을 불러일으킨다. 건물들은 물론이고 가로등 하나하나에서 유럽 분위기가 넘친다. 베네치아의 거리를 작게 재현해 둔, 작은 베네치아라고도 불리는 '라 비타La Vita' 거리의 양쪽에는 예쁜 가게들이 많다.

작은 베네치아 같은 곳
라비타 ラ・ヴィータ [라비타]

주소 東京都目黒区自由が丘 2-8-3 위치 도큐 도요코선 지유가오카역 정면 출구에서 도보 5분 시간 11:00~20:00 휴무 가게마다 다름 전화 03-3723-1881

이탈리아 베네치아의 거리를 재현한 라 비타는 이탈리아어로 '생명, 인생'이란 뜻이다. 이곳의 내부로 들어가면 작은 베네치아로 착각할 만큼 아름다운 벽돌집들이 손님들을 맞이한다. 작은 벽돌집에는 패션, 미용실 등의 가게들이 자리 잡고 있다. 생각했던 것보다 아주 작은 규모일 수 있으니 큰 기대는 하지 말자.

일본 가옥의 전통 찻집
고소안 古桑庵 [후루쿠와안]

주소 東京都目黒区自由が丘 1-24-23 위치 도큐 도요코선 지유가오카역 정면 출구에서 도보 5분 시간 11:00~18:30 휴무 수요일 홈페이지 kosoan.co.jp 전화 03-3718-4203

라 비타 조금 못 미친 길의 오른편에 있는 일본 전통 찻집이다. 다이쇼 시대 말기에 세워진 일본 가옥이 녹색 정원에 둘러싸여 있다. 일본의 유명 소설가 나쓰메 소세키의 사위이자 소설가였던 마쓰오카 유즈루가 고소안이라는 이름을 붙였다고 한다. 마치 할머니 댁에 온 듯 푸근하고 정겨운 분위기가 느껴지는 찻집이다. 내부에는 다양한 인형과 골동품이 전시돼 있다.

패션의 선두주자인 곳
라즈 Luz

주소 東京都目黒区自由が丘 2-9-6 위치 도큐 도요코선 지유가오카역 정면 출구에서 도보 3분 시간 11:00~20:00 휴무 가게마다 다름 홈페이지 luz-jiyugaoka.com

지하 1층, 지상 8층의 상업 시설이다. 지유가오카의 패션 트렌드를 이끌어 가는 라즈는 가토레아도리 북쪽 방향으로 가는 길 왼쪽에 위치하고 있다. 패션, 액세서리, 화장품 숍과 뷰티 숍, 카페와 레스토랑들이 들어서 있다. 이스라엘의 유명 브랜드 사봉, 하루에 딱 5개만 판매하는 한정 블랑티 세트로 유명한 베이커리 카페 '빵과 에스프레소와 자유형 パンとエスプレッソと自由形'이 있다.

스위츠 가게 중 최상위
몽블랑 MONT-BLANC

주소 東京都目黒区自由が丘 1-29-3 위치 도큐 도요코선 지유가오카역 정면 출구에서 도보 3분 시간 10:00~19:00 홈페이지 www.mont-blanc.jp 전화 03-3723-1181

1933년에 창업한 가게로, 달콤한 스위츠 가게들이 치열한 경쟁을 벌이고 있는 지유가오카에서 단연 최상위다. 평소에 산을 사랑했던 초대 점주가 알프스산맥의 최고봉인 몽블랑을 직접 보고 감동을 받아 만든 것이 몽블랑 케이크다. 페이스트 상태가 될 때까지 곱게 갠 밤은 알프스의 바위를 상징하며, 위에 얹은 머랭은 만년설을 상징한다. 입안에 넣는 순간 살살 녹는 머랭이 잊을 수 없는 식감을 선사한다.

이색 상품들이 다양한 곳
호치포치 HOTCH POTCH

주소 東京都目黒区自由が丘 1-26-20 1F 위치 도큐 도요코선 지유가오카역 정면 출구에서 도보 3분 시간 11:00~20:00 휴무 1월 1일 홈페이지 www.hpjiyuugaoka.jp 전화 03-3717-6911

호치포치는 영어로 '뒤섞임, 뒤범벅'이라는 뜻을 지니고 있다. 지유가오카의 메인 스트리트에 있는 호치포치에는 국내외에서 선택된 수만 점의 상품들이 판매되고 있다. 이것저것 구경하다 보면 시간 가는 줄 모르는 곳이다.

그린 스트리트

남쪽 출구 바로 앞 마리클레르 거리 다음 블록에 그린 스트리트가 있다. 좌우 도로변에 심어진 나무들의 초록빛 때문에 그린 스트리트라는 이름을 얻게 됐다. 세련된 매장과 카페가 줄지어 있고 거리에 벤치가 설치돼 있다. 이 거리를 따라 동쪽으로 가면 스위츠 포레스트가 나온다.

달콤한 스위츠의 성지
스위츠 포레스트 スイーツフォレスト [스이츠훠레스토]

주소 東京都目黒区緑が丘 2-25-7 위치 도큐 도요코선 지유가오카역 남쪽 출구에서 도보 5분 시간 10:00~20:00 휴무 연중무휴 홈페이지 www.sweets-forest.com 전화 03-5731-5071

지유가오카를 여행한다면 반드시 들러봐야 할 곳이 달콤한 스위츠의 성지라 불리는 스위츠 포레스트다. 2022년 7월 9개의 점포가 리뉴얼했다. 리뉴얼의 목적은 세계적으로 인기를 끌고 있는 한국 문화이다. 일본에 첫 상륙하는 포토제닉한 마카롱을 맛볼 수 있는 인기 카페와 민트 스위트 전문점 '민트 하임' 등 한국에서 인기 높은 카페와 디저트 숍(서울호떡), 굿즈 숍 등이 새롭게 선보인다.

여성 고객을 위한 복합 시설
트레인치 Trainchi

주소 東京都目黒区自由が丘 2-13-1 위치 도큐 도요코선 지유가오카역 남쪽 출구에서 도보 2분 시간 10:00~20:00(레스토랑마다 다름) 휴무 부정기 홈페이지 trainchi.jp 전화 03-3477-0109

트레인치는 2010년 10월에 문을 연 복합 상업 시설이다. 남쪽 출구로 나가 오른쪽 철로변의 작은 길로 조금 걷다 보면 도착한다. 트레인치는 개성 넘치는 13개의 매장을 갖추고 있다. 시설 내에는 인테리어점, 유명 베이커리, 프렌치토스트 전문점을 비롯해 수입 잡화, 구두 등 여성 고객을 위한 다양한 품목을 취급하는 상점들이 있다.

일본에서만 맛볼 수 있는 빵집
블랑제 아사노야 ブランジェ浅野屋 [부란제 아사노야]

주소 東京都目黒区自由が丘 2-13-1 トレインチ自由が丘 D棟 위치 도큐 도요코선 지유가오카역 남쪽 출구에서 도보 2분 시간 08:30~21:00 휴무 연중무휴 홈페이지 www.b-asanoya.com 전화 03-5731-6950

트레인치 안쪽에 있는 빵집으로, 본점은 가루이자와에 있다. 애플파이와 바게트 빵이 유명하고 시부야와 긴자에도 분점이 있지만 지유가오카점이야말로 샌드위치와 밤이 들어간 하베스트, 버섯이 올라간 포카치아 등 한국에서는 볼 수 없는 다양한 빵들로 여행자들을 유혹하는 곳이다.

푸르름이 넘치는 도심의 오아시스

에비스 恵比寿

일본 리서치에서 '세련된 동네', '살고 싶은 동네'로 높은 순위에 오르는 에비스는 시부야구의 동남부 끝자락에 있다. 1887년, 삿포로 맥주의 전신인 일본 맥주가 이곳에 공장을 건설해서 1880년에 발매된 맥주를 에비스 맥주로 이름 붙였다. 그리고 다음 해인 1881년에 생산된 맥주를 운반하기 위해 철도 시나가와선(현재의 JR)에 개설한 화물역이 에비스 정류장으로 불렸고, 1906년 화물역 근처에 같은 이름의 여객역이 생긴 무렵부터 사람들이 역 주변을 에비스라고 부르기 시작했다. 맥주 공장은 1988년 지바현으로 이전됐는데, 남아 있는 공장 부지를 재개발해 1994년에 오픈한 것이 현재의 에비스 가든 플레이스다.

교통편 (JR선) 에비스역, (히비야선) 에비스역

여행법 에비스는 시부야, 다이칸야마와 가까운 거리에 있으므로 그 지역과 함께 여행 계획을 짜는 것이 좋다. 에비스의 여행은 에비스 가든 플레이스에 대부분 한정돼 이동에는 시간이 많이 걸리지 않는다. 다만 에비스 가든 플레이스 내의 맥주 기념관을 관람할 경우에는 3시간 정도가 소요된다. 에비스는 도쿄의 다른 여행지들과 비교했을 때 중요성이 그리 높지 않으므로 시간적인 여유가 있거나, 시부야 주변을 여행하는 경우 들러 보도록 하자. 여름 시즌에는 오후 시간에 들러서 에비스 가든 플레이스를 가볍게 돌아보고 전망대에 올라가 보거나, 맥주를 곁들인 블루노트 플레이스의 저녁 식사를 추천한다.

보쿠노 이타리안
俺のBakery /
俺のイタリアン BeerTerrace

에비스 맥주 기념관
恵比寿麦酒記念館

에비스

엔트런스 파빌리온
エントランスパビリオン

쓰타야 서점
Tsutaya Bookstore

블루노트 플레이스
BLUE NOTE PLACE

센터 플라자
センタープラザ

글래스 스퀘어
Glass Square

에비스 가든 시네마
恵比寿ガーデンシネマ

에비스 가든 플레이스
恵比寿ガーデンプレイス

에비스 가든 플레이스 타워
恵比寿ガーデンプレイスタワー

스타벅스
Starbucks

교시즈쿠
京しずく

에비스 가든 플레이스 전망대

레스토랑 히로마치
レストラン ヒロミチ

패밀리마트
FamilyMart

조엘 로부숑
ジョエル・ロブション

도쿄도 사진 미술관
東京都写真美術館

웨스틴 호텔 도쿄
ウェスティンホテル東京

Best Course

에비스 추천 코스

에비스역
↓
무빙워크 5분
에비스 가든 플레이스
↓
도보 10분

에비스 맥주기념관
↓
도보 3분
도쿄도 사진 미술관
↓
무빙워크 5분, 도보 3분
에비스역

Tip. 크리스마스 일루미네이션

매년 크리스마스 전후의 11월에서 이듬해 1월까지 프랑스 바카라에서 만들어진 8,000피스 이상의 크리스털 부품으로 구성한 세계 최대의 샹들리에가 설치된다. 일루미네이션이 열리는 시기는 대개 11월 초순부터 이듬해 1월 중순까지이지만 해마다 2월 중순까지 진행되는 경우도 있다.

넓고 쾌적한 복합 상점

에비스 가든 플레이스 恵比寿ガーデンプレイス [에비스 가–덴 푸레이스]

주소 東京都渋谷区恵比寿 4-20 위치 JR 에비스역 동쪽 출구 스카이워크로 5분 시간 11:00~20:00(가게마다 다름) 요금 무료 홈페이지 gardenplace.jp 전화 03-5423-7111

1994년 삿포로 맥주 에비스 공장 자리에 오픈했다. JR 에비스역에서 무빙워크인 에비스 스카이워크를 이용해 5분 정도 가면 길 건너편에 에비스 가든 플레이스가 보인다. 넓은 부지에 호텔, 백화점, 영화관, 공연장 등의 시설이 갖춰져 있어 〈꽃보다 남자〉를 비롯해 드라마 촬영지로도 자주 쓰이는 곳이다. 일본 최대 규모를 자랑하는 맥주 홀과 일본풍, 서양풍, 중국풍의 다양한 맛을 즐길 수 있는 음식점이 있다. 2002년 가을에는 '유리 광장'이 등장했다. 유리로 둘러싸인 건물에 25개의 점포가 모여 있다. 에비스 가든 플레이스 타워의 가장 높은 38, 39층에는 무료 전망대가 있고 이곳에서 시부야·신주쿠 방면의 야경을 볼 수 있다. 크리스마스 시즌의 일루미네이션도 에비스 가든 플레이스의 놓칠 수 없는 볼거리다.

시간을 알려 주는 이색적인 건물

엔트런스 파빌리온 エントランスパビリオン [엔토란스파비리온]

주소 東京都渋谷区恵比寿 4-20-5 위치 에비스 가든 플레이스 입구 근처 시간 에비스 바 스탠드 11:00~22:30(주문 마감 22:00) 휴무 연중무휴 전화 03-4400-5165(에비스바스탠드)

에비스역의 스카이워크 끝 지점에서 길을 건너 에비스 가든 플레이스 입구 근처에 있는 건물이다. 건물 전면에 시계가 설치돼 있어 그 태엽 시계에서는 매일 12시, 15시, 18시마다 음악이 흘러나오고 인형이 시간을 알린다. 건물 1층에는 에비스 바 스탠드Yebisu Bar Stand라는 맥주 바가 있다

라이브 공연이 열리는 다이닝 카페
블루노트 플레이스 BLUE NOTE PLACE, ブルーノート・プレイス

주소 東京都渋谷区恵比寿4-20-4 위치 JR 에비스역 동쪽 출구에서 스카이워크로 5분 시간 11:30~23:00 휴무 연중무휴 홈페이지 www.bluenoteplace.jp 전화 03-5789-8818

블루노트 재팬의 음식과 음악을 융합한 새로운 다이닝 카페이다. 개방감 넘치는 2층 규모의 내부 공간에 점심, 카페, 디너, 바를 하루 종일 운영한다. 디너 타임에는 정기적인 라이브 연주 공연도 한다.

밖이 훤히 보이는 쇼핑몰
글래스 스퀘어 GLASS SQUARE

주소 東京都渋谷区恵比寿 4-20-7 위치 JR 에비스역 동쪽 출구에서 스카이워크로 5분 시간 10:00~ 20:00 휴무 부정기 홈페이지 gardenplace.jp 전화 03-5423-7111

2015년 6월 리뉴얼 오픈한 글래스 스퀘어는 유리 지붕으로 덮여 있는 공간으로 바깥에서도 내부가 시원하게 들여다 보인다. 패션, 잡화, 인테리어, 화장품 상점과 음식점들이 모여 있어 쇼핑은 물론 식사도 할 수 있다.

옛 미쓰코시 백화점의 변신
센터 플라자 センタープラザ [센타- 푸라자]

주소 東京都渋谷区恵比寿4-20-7 위치 JR 에비스역 동쪽 출구에서 스카이워크로 5분 시간 08:00~20:00 홈페이지 gardenplace.jp/shop/area.php?a=7#AreaList

기존의 미쓰코시 백화점 에비스점이 2021년 2월 폐업을 한 이후 2022년 11월 8일 센터 플라자가 오픈했다. 센터 플라자에서는 4월에 지하 2층의 푸디즈 가든이 선행 오픈했으며 11월 지하 1층에서 2층까지의 모든 플로어가 오픈했다. 1층에서는 플레이어스 키즈와 같은 전문점이나 노스 페이스 같은 아웃도어 숍 등 전 7개의 브랜드가 매장을 열었다. 지하 1층에는 츠타야 북 스토어와 라이프 스타일숍 등 8개의 매장이 있다.

100가지의 갓 구운 빵을 즐길 수 있는 곳
보쿠노 이타리안 俺のBakery / 俺のイタリアン BeerTerrace

주소 東京都渋谷区恵比寿4-20-6 **위치** JR 에비스역 동쪽 출구 스카이워크로 5분 **시간** 보쿠노 베이커리 10:00~20:00 / 보쿠노 이타리안 비어테라스 11:30~15:00(월~목·일·공휴일, 주문 마감 14:00), 17:00~22:00(주문 마감 21:00), 11:30~15:00(금·토·공휴일 전날, 주문 마감 14:00), 17:00~23:00(주문 마감 22:00) **홈페이지** www.oreno.co.jp/restaurant/bakery_cafe_ebisu **전화** 03-6277-0457

1층은 식빵, 샌드위치 등을 판매하는 '보쿠노 베이커리'이고 2층의 '보쿠노 이타리안 비어테라스'는 고급 식재료를 사용한 가성비 좋은 음식을 제공하는 이탈리아풍 레스토랑이다. 테라스석 46석을 갖춘 개방적인 공간에서 맥주 및 와인을 함께 즐길 수 있다. 보쿠노 베이커리는 제과 장인의 정성이 담겨 있는 식빵과 샌드위치를 즐길 수 있는 카페이다. 빵의 주메뉴는 홋카이도의 밀가루를 주재료로 사용한 식빵, 장인의 섬세한

솜씨로 만들어 낸 밀가루 베이스를 사용한 약간 딱딱한 느낌의 식빵, 생지 전체에 마스카포네 치즈와 벌꿀을 발라 낸 식빵이다. 추천 메뉴는 버터, 잼, 벌꿀, 올리브유가 세트로 나오는 3개 식빵 골라먹기 세트 3つの食パンの食べ比べセット 또는 두꺼운 계란말이 샌드위치이다.

일본 최초의 사진, 영상 미술관
도쿄도 사진 미술관 東京都写真美術館 [도-쿄-토 샤신 비쥬츠칸]

주소 東京都目黒区三田 1-13-3 **위치** JR 에비스역 동쪽 출구에서 스카이워크로 5분 **시간** 10:00~18:00(목·금 10:00~20:00) **휴무** 월요일, 연말연시 **요금** 전시에 따라 다름 **홈페이지** topmuseum.jp **전화** 03-3280-0099

1995년 개관한 일본 최초의 사진·영상 전문 미술관이다. 도쿄도 사진 미술관은 약 28,000점의 세계적인 컬렉션을 개최할 수 있는 규모를 자랑한다. 관내에는 1~3층에 걸쳐 3개 전시실을 갖추었고 국내외의 사진과 영상 작품 자료를 수집·전시한다. 1층 상영관에서는 미술관에서만 볼 수 있는 수준 높은 영화를 상시 상영한다. 또한 4층 도서실에서는 사진 잡지나 사진집을 무료로 열람할 수 있으며, 2층에는 오픈 카페가 있어 휴식 시간을 갖기에 좋다. 사진에 관심이 있다면 한 번쯤 들러 볼 만한 곳이다. 2015년에 리뉴얼 공사를 해 2016년 8월에 재개관했다.

 에비스 맥주의 모든 것이 있는 곳
에비스 맥주 기념관 恵比寿麦酒記念館 [에비스 비-루키넨칸]

주소 東京都渋谷区恵比寿 4-20-1 **위치** JR 에비스역 동쪽 출구에서 스카이워크로 5분, 종점에서 도보 3분 **시간** 10:00~18:00(접수 마감 17:00) **요금** 무료(시음 코너는 유료) **휴무** 월요일, 연말연시 **홈페이지** www.sapporobeer.jp **전화** 03-5423-7255

에비스 맥주의 역사와 과학, 맥주가 가져온 식문화의 변화 등 맥주에 관한 모든 정보를 제공하고 있다. 관내는 에비스 메모리엄, 비어 사이언스, 월드 비어 히스토리, 매직 비전 시어터, 테이스팅 라운지 등으로 구분돼 있다. 시음 코너에서는 삿포로 맥주의 신제품, 각종 생맥주, 한정으로 만든 맥주 등을 최고의 상태로 맛볼 수 있다(유료). 특히 '맥주 시음 세트(400엔)'를 통해 4종류의 맥주를 비교하며 마셔 봄으로써 맥주의 맛을 느껴 볼 수 있다. 맥주 시음 시에는 에비스 코인을 판매기에서 구입해 사용한다. 자유 견학은 무료이나, 가이드를 따라가는 투어는 유료(어른 500엔, 중학생~20세 미만 300엔)이며 투어 시간은 40분쯤 소요된다.

Notice 2022년 10월 31일부터 리뉴얼 공사로 인해 휴관 중이다. 방문 전에 운영 재개 여부를 확인하자.

 미쉐린이 인정한 고급 레스토랑
조엘 로부숑 ジョエル・ロブション [죠에루 로부숑]

주소 東京都目黒区三田 1-13-1 **위치** JR 에비스역 동쪽 출구에서 스카이워크로 5분 **시간** 10:00~22:00(평일, 점심 11:30~14:00 / 토·일·공휴일, 점심 12:00~14:00, 저녁 18:00~21:00) **휴무** 연중무휴 **홈페이지** www.robuchon.jp/joelrobuchon **전화** 03-5424-1338

에비스 가든 플레이스 중앙에 웅장한 고성의 모습으로 서 있는 조엘 로부숑은 프랑스 레스토랑으로 1층과 2층은 라 테이블 드 조엘 로부숑 LA TABLE de Joel Robuchon이, 3층에는 레스토랑의 일본 제1호점 인 '라 타 부루 드 조엘 로부숑' 이, 2층과 3층에는 최고급 레스토랑 '가스트로노미 조엘 로부숑'이 있다.《미쉐린 가이드 도쿄

2014》에서 '라 타 부루 드 조엘 로부숑'이 별 두 개, '가스트로노미 조엘 로부숑 '이 별 세 개를 받았다. 워낙 비싸기 때문에 주머니 가벼운 여행자들은 쉽게 이용하지 못한다.

롯폰기
六本木

Roppongi

한발 앞선 유행의 거리

롯폰기는 도쿄도 미나토구 북부에 위치해 있으며 미나미 아오야마, 아카사카, 도라노몬, 아자부 주반, 니시아자부와 접해 있는 번화가다. 롯폰기의 발달은 전쟁 이후 본격화됐다. 미군 관련 시설들이 들어서면서 외국인들의 출입이 잦아졌고, 1960년대 말부터는 롯폰기 지역에 디스코가 유행해 일본인들에게까지 유명해졌다. 현재 롯폰기 주변에는 각국 대사관이 있어 외국인을 대상으로 한 상점 및 음식점이 많다. 또한 롯폰기 힐즈와 도쿄 미드타운 등 거대한 복합 시설이 정비돼 유명 브랜드 쇼핑과 음식을 즐길 수 있고, 모리 미술관과 국립 신미술관 등의 문화 시설도 갖추어졌다. 롯폰기는 최첨단의 세련된 도쿄와 고색창연한 도쿄를 동시에 느낄 수 있는 곳이다.

롯폰기 관광 참고 사이트(미나토구 관광협회) www.minato-kanko.com

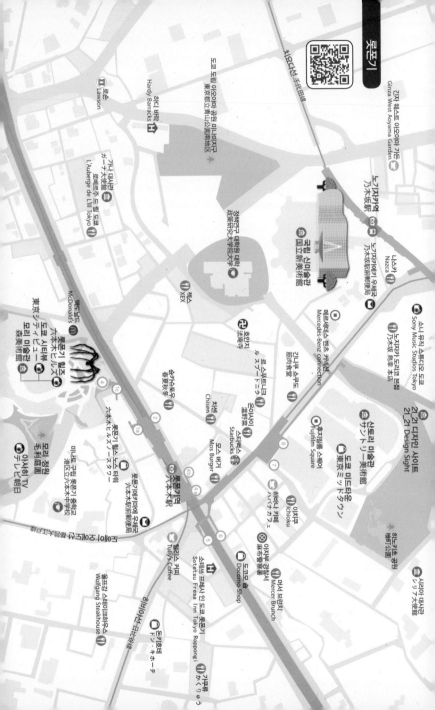

긴자 웨스트 아오야마 가든
Ginza West Aoyama Garden

치요다선 오모테산도역

하디 배럭
Hardy Barracks

도쿄 도립 아오야마 공원 미나미지구
東京都立青山公園南地区

로손
Lawson

라네 대사관
L'Auberge de L'III Tokyo
도쿄 로손기 릴 도쿄

노기자카역 우체국
乃木坂駅前郵便局

노기자카역
乃木坂駅

니스카
Nazca

정책연구 대학원 대학
政策研究大学院大学

국립 신미술관
国立新美術館

메르세데스 벤츠 커넥션
Mercedes-Benz connection

제스
XEX

호안지
法輪寺

긴니쿠 쇼쿠도
筋肉食堂

로스 스프트리그
ル・スプートニク

슌카슈토
春夏秋冬

치센
Chisen

모스 버거
Mos Burger

소니 뮤직 스튜디오 도쿄
Sony Music Studios Tokyo

노기자카 도리오 본점
乃木坂島珈琲 本店

21_21 디자인 사이트
21_21 Design Sight

산토리 미술관
サントリー美術館

도쿄 미드타운
Fujifilm Square
東京ミッドタウン

이치오쿠
Ichioku

하비나 카페
ハバナカフェ

아자부 경찰서
麻布警察署

맥도날드
McDonald's

롯폰기 힐스
六本木ヒルズ

롯폰기 힐스 노스 타워
六本木ヒルズ ノースタワー

도쿄 시티뷰
東京シティビュー

모리 미술관
森美術館

미나토 구립 롯폰기 중학교
港区立六本木中学校

롯폰기역 우체국
六本木駅前郵便局

도쿄 미드타운
東京ミッドタウン

모리 정원
毛利庭園

아사히 TV
テレビ朝日

스타벅스
Starbucks

도쿄 미드타운
東京ミッドタウン

롯폰기역
六本木駅

털리스 커피
Tully's Coffee

도코모 숍
Docomo Shop

머서 브런치
Mercer Brunch

스타쿠 프레사 인 도쿄 롯폰기
Sotetsu Fresa Inn Tokyo Roppongi

도쿄 숍
Docomo Shop

가쿠로
かくろう

도큐토테
ドン・キホーテ

시리아 대사관
シリア大使館

히노키초 공원
檜町公園

홍콩 스타인크하우스
Wolfgang Steakhouse

히비야선 히비야선
日比谷線

• 이동하기 •

교통편 (히비야선) 롯폰기역, (치요다선) 노기자키역, (도에이 오에도선) 롯폰기역

여행법
- 일반적으로 롯폰기 여행은 롯폰기 힐즈부터 시작되나 지상에서의 이동은 헤매기 쉽다. 주요 여행지들이 지하철 출구를 통해 시작되니 사전에 각 여행지별 출구 방향을 알고 가는 것이 효율적이다. 롯폰기 힐즈는 히비야선 1C 출구(오에도선 롯폰기와 지하로 연결)로 나가면 된다. 미드타운으로 가려면 4A 출구를 이용하면 되고, 지하의 7, 8번 출구로도 미드타운을 갈 수 있다. 1C 출구로 나가면 롯폰기 힐즈로 올라가는 에스컬레이터가 나온다.

- 롯폰기 힐즈 상업 지역과 주거 지역을 지나는 도로가 게야키자카도리다. 이 도로 옆으로 루이비통, 베르사체, 막스마라 등의 유명 명품 브랜드 매장들이 들어서 있다. 겨울 시즌에는 일루미네이션으로 유명한 거리다. 미드타운 웨스트의 후지 스퀘어에는 후지필름 포토 살롱과 사진 역사 박물관이 있다. 잠시 틈을 내어 들러 볼 만하다.

Best Course

롯폰기 추천 코스

롯폰기역 1C 출구
◆
도보 1분

롯폰기 힐즈

◆
도보 8분

국립 신미술관
◆
도보 5분

도쿄 미드타운

◆
도보 3분

롯폰기역 8번 출구

 롯폰기를 대표하는 복합 상가
롯폰기 힐즈 六本木ヒルズ [롯폰기 히루즈]

주소 : 東京都港区六本木 6-10-1 위치 ❶도쿄 메트로 히비야선 롯폰기역 1C 출구에서 연결 통로로 바로 연결 ❷ 도에이 오에도선 롯폰기역 3번 출구에서 도보 4분 시간 11:00~21:00(매장), 11:00~23:00(식당가) 휴무 연중무휴 홈페이지www.roppongihills.com 전화03-6406-6000

도쿄 미드 타운과 함께 롯폰기를 대표하는 대표적인 복합 상업 시설로, 2003년 오픈하였다. 모리 타워 및 게야키자카도리けやき坂通り와 같은 랜드마크가 있으며 많은 상점과 레스토랑이 즐비하게 들어서 있다. 롯폰기 힐즈 53층에는 모리森 미술관이 있으며, 52층 전망대에서는 도쿄 타워를 포함한 도쿄의 풍경을 즐길 수 있다. 이 밖에도 TV 방송국인 'TV 아사히朝日' 사옥, 그랜드 하얏트 호텔, 복합 영화 상영관(도호 영화사 롯폰기 힐즈), 야외 이벤트 공간(롯폰기 힐즈 아레나), 주거 공간(롯폰기 힐즈 레지던스, 게이트타워 레지던스)이 있다. 또한 TV 아사히 사옥 옆에는 모리毛利 정원이 있어 편안한 시간을 즐길 수 있다.

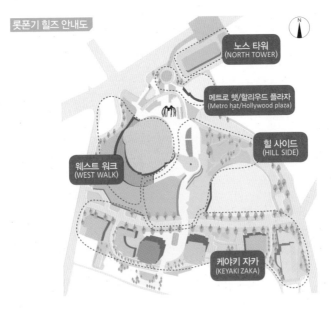

롯폰기 힐즈 안내도

노스 타워
(NORTH TOWER)

메트로 햇/할리우드 플라자
(Metro hat/Hollywood plaza)

힐 사이드
(HILL SIDE)

웨스트 워크
(WEST WALK)

케야키 자카
(KEYAKI ZAKA)

거미 조각 마망 ママン [마만]

프랑스 태생의 미국 조각가 루이즈 부르주아Louise Bourgeois의 작품이다. 자신의 알을 강철의 우리 안에 보호하고 있는 거미를 형상화하고 있다. '마망'은 프랑스어로 '엄마'라는 뜻이다. 루이즈 부르주아의 거미 조각은 서울의 리움 미술관에도 있다.

 ### 도쿄 시티뷰 東京シティビュー [토쿄 시티뷰]

도쿄 시티뷰는 롯폰기 힐즈 모리 타워 52층(해발 250m)에 위치한 전망대로, 11m 높이의 전망 공간에서 360도로 펼쳐진 유리 커튼 월glass curtain wall을 통해 도쿄 타워 및 도쿄의 풍경을 감상할 수 있다. 52층 실내 전망대와는 별도로 옥상에 야외 전망대 스카이데크가 있다. 실내 전망대 티켓 가격에 500엔을 더 내면 스카이데크에서 구경할 수 있는데(실내 전망대가 있는 52층의 기계로 스카이데크 표를 구매한 뒤 직원에게 실내 전망대 표와 같이 보여 주면 된다), 실내 전망대보다 여유롭고 도쿄 타워가 한눈에 들어온다. 다만 스카이데크는 예매가 불가하고 8시면 문을 닫아 실내 전망대와 운영 시간이 다르니 늦어도 7시 반에는 도착해야 한다. 참고로 도쿄 스카이트리가 완성되기 전까지는 도쿄에서 가장 높은 전망대였다.

시간 10:00~22:00 휴무 연중무휴 요금 1,800엔(일반), 1,500엔(65세 이상), 1,200엔(학생), 600엔(4세~중학생) / 스카이 데크는 500엔 추가, 편의점 단말기에서 예약할 경우 1,500엔(일반적으로 도쿄 시티뷰는 모리 미술관 관람료에 포함) 홈페이지 www.roppongihills.com/tcv/jp 전화 03-6406-6652

 ### 아사히 TV テレビ朝日 [테레비 아사히]

롯폰기 힐즈 바로 옆에 일본 민영방송국인 아사히 TV와 모리 정원이 있다. 아사히 TV는 일본 유명 건축가인 마키 후미히코가 설계했다. 전면 유리창 구조의 아트리움이 있는 매우 세련된 이 건물은 1층에는 도라에몽 타임캡슐 등과 기념 촬영을 할 수 있고, 아사히 TV의 오리지널 상품을 구매할 수 있는 상품 숍도 있다. 바로 오른쪽에 타원형 지붕이 멋진 롯폰기 힐즈 아레나가 있다. 지붕을 열고 닫을 수 있으며, 라이브 공연과 특별 이벤트 행사가 자주 펼쳐지는 곳이다.

위치 ❶ 히비야선 롯폰기역 하차 후 도보 5~6분 ❷ 도에이 오에도선 아자부주반역에서 도보 10분 시간 09:00~20:30 요금 무료 휴무 연중무휴 홈페이지 www.tv-asahi.co.jp 전화 03-6406-5555

모리 정원 毛利庭園 [모-리 테이엔]

모리 정원은 에도 시대 조후번 모리가의 저택이 있었던 자리에 만들어진 정원으로 전형적인 회유식 일본 정원이며 사시사철의 나무와 꽃의 아름다움을 즐길 수 있다. 연못에는 1994년 무카이 지아키(1952~)와 함께 스페이스 셔틀 '콜롬비아'를 타고 우주를 여행하고 돌아온 우주 송사리의 새끼들도 사육되고 있다. 봄에는 벚꽃의 명소, 가을은 단풍, 겨울에는 일루미네이션으로 유명하다.

주소 東京都港区六本木 6-10-1 六本木ヒルズ内 **위치** ❶ 도쿄 메트로 히비야선 롯폰기역 1C 출구 연결 통로에서 바로 연결 ❷ 도에이 지하철 오에도선 롯폰기역 3번 출구에서 도보 4분 **홈페이지** www.roppongihills.com/green

 ## 모리 미술관 森美術館 [모리 비쥬츠칸]

모리 타워 53층에 위치한 모리 아트센터의 미술관이다. 모리 미술관의 영어 명칭인 'Mori Art Museum'의 머리글자를 취해 MAM이라 부른다. 설계는 미국 뉴욕 휘트니 미술관과 독일 베를린의 구겐하임 미술관 등을 설계한 리처드 글럭먼Richard Gluckman이 했다. 2003년 10월에 개관한 이후 현대미술을 소개해 왔고, 2015년 4월 리뉴얼 이후 새롭게 진행하는 'MAM 컬렉션'에서는 모리 미술관의 컬렉션을 상설 전시실에서 차례로 공개하고 있다. 'MAM 리서치'에서는 전시 리서치 과정을 소개해 동시대 미술을 보다 다각적으로 체험할 수 있는 곳으로 거듭났다. 화요일을 제외하고 밤 10시까지 개관하므로, 식사나 쇼핑을 즐긴 뒤에도 관람할 수 있다.

위치 ❶ 히비야선 롯폰기역에서 바로 ❷ 도에이 오에도선 롯폰기역에서 도보 4분 ❸ 도에이 오에도선 아자부주반역에서 도보 4분 **시간** 10:00~22:00(입장 마감 21:30, 화요일 10:00~17:00) **휴무** 연중무휴 **요금** 1,800엔(일반), 1,500엔(65세 이상), 1,200엔(학생), 600엔(4세~중학생) **홈페이지** www.mori.art.museum/jp **전화** 03-5777-8600

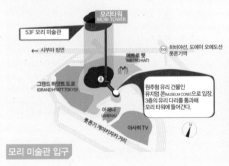

모리 미술관 입구

파도를 연상시키는 외관 디자인이 인상적인 미술관

국립 신미술관 国立新美術館 [코쿠리츠 신비쥬츠칸]

주소 東京都港区六本木 7-22-2 위치 ❶ 치요다선 노기자카역 아오야마 레이엔 방면 6번 출구에서 바로 ❷ 도에이 오에도선 롯폰기역 7번 출구에서 도보 4분 ❸ 히비야선 롯폰기역 4A 출구에서 도보 5분 시간 10:00~18:00(입장 마감 17:30) 휴무 화요일, 연말연시 요금 전시에따라 다름 홈페이지 www.nact.jp 전화 03-5777-8600

2007년에 개관한 미술관으로, 숲속의 미술관 이라는 취지에 따라 14,000m²라는 일본 최대 의 전시 공간을 활용해 다채로운 전람회를 개 최한다. 미술에 관한 자료 수집과 연구, 교육 등 아트 센터로서의 역할을 충실히 수행하는 새로운 타입의 미술관이다. 구로카와 기쇼黒川 紀章의 설계로, 3층부터 지하 1층까지 파도가 넘실거리는 듯한 정면 외관 디자인이 인상적 이며 외광을 듬뿍 받아들이는 카페와 레스토 랑에서 멋진 시간을 보낼 수 있다.

Tip. 롯폰기 일루미네이션

도쿄의 겨울 일루미네이션 순위에서 상위권을 차지하는 롯폰기 일루미네이션은 게야키자카('느티나무 언덕 길'이라는 의미)의 400m에 달하는 언덕길에 심어진 느티나무에 환상적인 'SNOW & BLUE'로 빛나는 약 70 만 개의 LED 전구들이 화려하게 불을 밝힌다. 게야키자카도리의 '에스카다' 매장 앞과 '롯폰기 쓰타야 서점' 근처는 언덕길의 가장 높은 곳과 낮은 곳에서 일루미네이션이 밝혀진 가로수길을 모두 프레임에 담을 수 있는 최고의 촬영 스폿이다. 또한 모리 정원의 일루미네이션과 66플라자 등 두 군데에 설치된 크리스마스 트리도 겨울 시즌 여행이라면 꼭 찾아가 봐야 한다.

롯폰기의 새로운 복합 상가
도쿄 미드타운 東京ミッドタウン [토쿄밋도타운]

주소 東京都港区赤坂 9-7-1 위치 히비야선, 도에이 오에도선 롯폰기역 8번 출구에서 바로 시간 11:00~21:00(매장), 11:00~24:00(레스토랑) 휴무 연중무휴 홈페이지 www.tokyo-midtown.com/kr 전화 03-3475-3100

도쿄 미드타운은 롯폰기의 새로운 명소로서 쇼핑센터, 오피스 빌딩, 호텔, 미술관, 홀, 의료 기관, 주차장, 공원 등 다양한 시설로 구성돼 있다. 가장 큰 구조물인 미드타운 타워는 지하 5층, 지상 54층이며, 도쿄도 내의 최고층 빌딩이다. 도쿄 미드타운에 있는 시설은 리츠칼튼 호텔, 산토리 미술관, 미국의 존스 홉킨스 메디슨과 제휴한 도쿄 미드타운 클리닉, '콘란' 브랜드의 레스토랑 등이다. 오피스 사무실에는 야후, 시스코 시스템즈, 패스트 리테일링, 후지필름 홀딩스 본사를 비롯해 게임 업체인 코나미도 있다. 도쿄 미드타운 안에는 디자인을 테마로 이세이 미야케 디자인 문화 재단이 운영하는 21_21 디자인 사이트21_21 DESIGN SIGHT가 디자인 사업의 거점으로서 자리 잡았다. 크리스마스 시즌에는

약 2,000㎡의 잔디 광장에서 스타라이트 가든 일루미네이션 이벤트가 진행된다.

산토리 미술관 サントリー美術館 [산토리 비쥬츠칸]

미드타운 타워 내의 고미술 중심의 사립 미술관으로, 산토리 사장 사지 게이조가 1961년 '삶의 아름다움' 을 기본 테마로 개관했다. 초기에는 치요다구 마루노우치에 위치했으나 2007년에 현재의 도쿄 미드타운 으로 이전했다. 이에 따라 롯폰기에 국립 신미술관, 모리 미술관을 잇는 아트 트라이앵글이 구성됐다. 산 토리 미술관은 '전통과 현대의 융합'을 테마로 설계됐고 카페, 패션, 다채로운 프로그램을 개최하는 홀, 다 실 또한 갖추어 전시 기능 이외에 다양한 문화 공간을 제공하고 있다.

주소 東京都港区赤坂 9-7-4 東京ミッドタウン ガレリア 3F 위치 도에이 오에도선 롯폰기역 8번 출구에서 바 로 시간 10:00~18:00(금~토 10:00~20:00) 휴무 화요일, 연말연시, 전시 준비 기간 요금 전시회마다 다름(중학 생 이하 무료) 홈페이지 www.suntory.com/sma 전화 03-3479-8600

 21_21 디자인 사이트 21_21 DESIGN SIGHT [토우-완 토우-완 데자인사이토]

미드타운 타워 내의 21_21 디자인 사 이트는 디자인의 즐거움과 신선함을 방 문객들이 체험할 수 있는 장소로, 전람 회를 중심으로 한 토크와 워크숍 등의 연계 프로그램이 실시되고 있는 공간 이다. 기하학적인 건물의 설계는 안도 다다오가 담당했다. '일본의 얼굴로서 의 건축'이라는 테마로 지어진 이 건물 은 일본에서 제일 긴 복층 유리(11.4m) 와 접한 거대한 한 장의 철판 지붕(약 54m/ 450m²)을 이용하는 등 일본이 가진 건축 기술을 최대한 이용해 설계됐다. 내부 사진 촬영은 금지니 참고하자.

주소 東京都港区赤坂 9-7-6 東京ミッドタウン·ガーデン內 위치 도에이 오에도선 롯폰기역 미드타운 출구에 서 도보 1분 시간 10:00~19:00(입장 마감 18:30) 요금 1,100엔(성인), 800엔(대학생), 500엔(고등학생), 중학생 이하 무료 휴무 화요일, 연말연시, 전시 준비 기간 홈페이지 www.2121designsight.jp 전화 03-3475-2121

긴자

銀座

Ginza

모든 것이 최고인 거리

긴자는 유서 깊은 유명 백화점과 고급 명품점들이 줄지어 서 있는 번화가로, 지명은 에도 막부
시대 이곳에 위치해 있던 은화 주조소에서 유래되었다. 메이지 유신 이후 해외에서도 유명해졌
으며 일본 내 서양 문화의 발상지이기도 했다. 1817년에 분에이도가 긴자에서 팥빵의 판매를 시
작했고 1971년에는 맥도날드 일본 1호점이 오픈했다. 1990년대부터 긴자의 중심가인 주오도
리와 하루미도리에 세계적인 고급 브랜드가 들어선 이후 도쿄의 핵심 번화가가 되었다. 2020년
이후 코로나로 인해 극심한 경제적 타격을 받은 긴자는 긴자역의 대대적인 리뉴얼 공사와 함께,
긴자 미쓰코시, 마쓰야 긴자, 와코와 같은 오랜 역사의 백화점에 긴자 식스와 도큐 플라자 긴자
같은 신흥 쇼핑 명소가 등장하면서 새로운 변화의 시대를 맞이하고 있다.

유라쿠초역
有楽町駅

하쿠힌칸 토이 파크
博品館 Toy Park

고준 빌딩 다이낭&스토어
Kojun Building Dalnang&Stores

유니쿠로 긴자점
ユニクロ 銀座店

코트야드 도쿄 긴자 호텔
Courtyard Tokyo Ginza Hotel

털리스 커피
Tully's Coffee

긴자 식스
GINZA SIX

도큐 플라자 긴자
東急プラザ

소니 빌딩
ソニービル

마리아주 프레르
マリアージュ・フレール

긴자 메르사
メルサ

긴자 아케이드
銀座あけぼの

도쿄 규코 긴자점
東京鳩居堂

긴자 플레이스
銀座プレイス

긴자역
銀座駅

미쓰코시 백화점
三越

무인양품 긴자
無印良品 銀座

마루이 마루이
マルイ

MIKIMOTO 긴자2
ミキモト 銀座2

긴자 미쓰비시 긴자3 & 3
マロニエゲートニ

긴자니초메 우체국
銀座郵便局

긴자 와코 백화점
和光

기무라야
木村家

미쓰이 백화점
三越

하나마루 우동
はなまるうどん

긴자 오리엔탈 호텔
ソラリア西鉄ホテル

긴자2 & 3

긴자 이치초메역
銀座一丁目駅

키라리토 긴자
Kiranto 銀座

루이비통
Louis Vuitton

이토야
伊東屋

마쓰야 백화점
松屋

겐키카페이
煉瓦亭

스타벅스
Starbucks

덴동야
天丼てんや

패밀리마트
FamilyMart

호텔 몬트레이 긴자
ホテルモントレ銀座

맥도날드
McDonald's

가부키자
歌舞伎座

아메리칸
喫茶 アメリカン

키사 유
Kissa You

코유
Koyuu

만세이
萬惣

바지리코
ばじりこ

로손
Lawson

긴자 티에스 료칸
築地玉寿司 築地本店

키노테
柿の手

쓰키지지역
築地駅

쓰키시로역
東京地駅

• 이동하기 •

교통편 (긴자선·마루노우치선·히비야선) 긴자역, (JR선) 유라쿠초역 중앙 출구, (유라쿠초선) 긴자잇초메역

여행법 • 긴자는 쇼핑뿐만 아니라, 미식 여행을 하기에도 적합한 곳이다. 2023년 한일 정상의 만찬이 열린 경양식 가게 '렌가테이', 1875년에 문을 연 '긴자 텐구니(튀김덮밥)', 1866년에 창업한 '치쿠요 테이(장어덮밥)', 1934년에 문을 연 '긴자 라이언 비어홀' 등 오랜 역사를 자랑하는 노포가 도처 에 있다. 긴자에 있지만 런치 메뉴는 1,500~2,000엔 사이로 저렴한 편이다.
  • 긴자를 중심으로 하면 히비야 공원, 미드 타운 히비야가 도보 5분 거리, 쓰키지 장외 시장이 도보 15분 거리에 있다. 몬자야키의 고향인 쓰키지마는 도보 30분이며, 쓰키지마에서 도보 20분이면 도요스 시장까지 갈 수다.
  • 긴자를 여행할 때는 도쿄역, 마루노우치, 니혼바시까지 포함한 여행 일정을 세우는 것이 효율적 이다.

Best Course

긴자 추천 코스

히가시긴자역 3번 출구
⊙
바로
가부키자

⊙
도보 2분
아메리칸
⊙
도보 4분
미쓰코시

⊙
도보 1분
와코 백화점
⊙
도보 1분
긴자 플레이스
⊙
도보 2분
긴자 식스

⊙
도보 10분
히비야 공원

197

미키모토 긴자 2

미키모토는 진주 및 보석류를 파는 회사다. 진주빛 핑크의 아름다운 색, 모양도 크기도 다른 유리창이 불규칙하게 흩어져 있는 이 건물은 이토 도요伊東豊雄가 설계했다. 전체적인 이미지가 미키모토 진주를 방불케 한다. 미키모토 고키치가 1893년 세계 최초로 진주 양식에 성공했고 이후 진주 제품으로 유명해진 회사다. 1~2층은 매장, 3층은 미키모토 라운지, 8~9층에는 레스토랑 대즐DAZZLE이 있다. 미키모토 긴자 빌딩은 이토 도요의 작품으로 2005년에 완공됐다. 이토 도요는 오모테산도의 토즈TOD'S 빌딩, 센다이의 미디어텍, 요코하마의 바람의 탑, 마쓰모토의 공연예술센터 등을 설계했다. 미키모토 본점은 와코 백화점 옆에 있다.

루이비통

루이비통의 로고를 모티브로 외벽을 디자인했다. 특수 가공으로 마감한 외장 소재는 음영에 따라 패턴이 다르게 부각된다. 국내외에서 다수의 루이비통 직영점을 설계하고 있는 아오키 준靑木淳의 작품이다.

메종 에르메스

벽면의 정방형 유리 블록을 통해 낮에는 햇빛이 건물 내부로 투과되고 밤에는 내부 조명으로 빛나는 거대 램프처럼 보인다. 설계는 이탈리아의 렌조 피아노Renzo Piano와 르나 뒤마가 맡았다. 가로 세로 45cm의 유리블록 1만 3,000개가 사용됐다. 지하 3층, 지상 11층 건물로 2001년 완공했다. 에르메스 건물 꼭대기를 잘 보면 말을 탄 기사가 두 개의 깃발을 들고 있는데, 그것은 에르메스의 신제품 스카프라고 한다. 서울의 메종 에르메스 도산 파크도 르나 뒤마의 작품이다.

버드나무가 긴자의 상징이 된 것은 사카이堺에서 이주해 온 은세공 장인이 고향이 그리워 버드나무를 이식한 때로 거슬러 올라간다. 1874년에 일본 최초의 가로수로 벚나무, 소나무, 단풍나무가 긴자 거리에 심어졌지만 수분이 많은 긴자의 토지 때문에 뿌리가 부패해 1877년에 습지에서 잘 자라는 버드나무로 교체됐다. 1921년에는 도로 확장으로 버드나무 대신 은행나무가 심어졌는데 많은 사람이 버드나무를 그리워했다. 1929년에 발표된 〈도쿄 행진곡〉에서도 긴자의 버드나무를 그리워하는 가사가 등장한다. 1932년에 아사

히신문사의 기증으로 다시 긴자 거리에 버드나무가 부활해 같은 해 4월에는 제1회 버드나무 축제가 개최됐다. 그 후로 '도쿄 랩소디'나 '도쿄 선창'으로 불리는 등 버드나무는 긴자의 상징으로 정착돼 왔다. 그러나 1968년에 긴자 거리의 공동구 공사를 위해 버드나무는 벌채됐고, 1984년에는 3그루밖에 남아 있지 않았다. 이 사실을 알게 된 현지 상인이 버드나무 가지를 잘라 집 정원에 옮겨 키운 것을 다시 가로수로 옮겨 심었고, 이것이 전국 각지에서 버드나무를 옮겨 와 심는 부활 운동으로 확장돼서 현재 소토보리도리와 긴자야나기도리의 버드나무를 이루었다. 또한 소토보리도리에서는 2006년부터 매년 5월 5일에 '긴자 버드나무 축제'가 개최되고 있다. 현재는 버드나무가 주오 구의 나무로 지정돼 있다.

시계탑이 상징인 백화점
와코 백화점 和光

주소 東京都中央区銀座 4-5-11 위치 긴자선, 마루노우치선, 히비야선 긴자역 A10 출구에서 바로 시간 10:30~
19:00 휴무 연말연시 홈페이지 www.wako.co.jp 전화 03-3562-2111

긴자의 중심지 4초메 교차점에 있는 와코는 일본 시계업의 대부인 핫토리 킨타로가 21세 때인 1881년 핫
토리 시계점(현재의 세이코 홀딩스)를 현재의 와코 위치에서 창업한 데서 시작되었다. 현재의 건물은 2대째
건물로서 지하 2층, 지상 7층의 네오 르네상스 양식으로 1932년에 완공되었다. 본관 시계탑은 긴자의 상징
적인 존재로서 시계탑에는 종루가 있고, 매장 영업 시간 동안 매시 정각에 웨스트민스터 종소리를 울린다.
주오도리와 하루미도리의 교차로에 위치하고 있어 긴자 여행의 기준점이 되는 곳이다. 현재는 자체 브랜드
(세이코)의 시계와 보석 외에도 일본 국내외의 시계, 보석, 도자기, 가방 등 고급 장식품을 취급한다. 유명 인
사들이 많이 찾는 고급 전문점으로도 유명하다. 미술관인 '와코 홀'이 6층에 위치하고 있으며 다양한 행사
가 지속적으로 이루어지고 있다. 긴자의 상징이 되었기에 이곳 사거리에서 사진이나 동영상을 촬영하는 여
행객들이 항상 많다.

일본 3대 고급 백화점 중 하나
미쓰코시 백화점 三越

주소 東京都中央区銀座 4-6-16　위치 긴자선, 마루노우치선, 히비야선 긴자역 A7·8 번 출구에서 바로　시간
10:30~20:00(9·11·12층 식당 11:00~23:00)　휴무 1월 1~2일　홈페이지 mitsukoshi.mistore.jp/store/ginza
전화 03-3562-1111

1673년 에치고야越後屋라는 이름의 상호로 출발한 일
본 최초의 백화점으로, 이세탄, 와코와 함께 일본3대
고급 백화점 중 하나이며 와코 백화점 맞은편에 있다.
니혼바시 본점은 국가 중요 문화재로 지정되어 있으며
긴자점은 1930년에 개업했다. 이 백화점의 경성점(오
늘날의 서울 신세계 백화점)이 바로 영화 〈암살〉에 나오
는 백화점이다. 미쓰코시 긴자점 지하 1층 '코스메 월
드'는 긴자에서 가장 많은 브랜드 수를 보유하고 있는
화장품 매장이다. 백화점 전체는 지하 3층, 지상 12층
으로 구성되어 있으며 패션이나 액세서리, 시계, 생활
용품, 잡화, 식품 등 다양한 라인업을 갖추고 있다. 11
층과 12층에는 정통 레스토랑에서부터 캐주얼 레스토

랑에 이르기까지 폭넓은 장르의 식당들이 자리 잡고 있다. 9층에는 테라스 가든이 있어 도심에 있으면서도
자연과 함께 편안한 휴식 시간을 보낼 수 있다. 특히 지하 2~3층의 식품관이 유명하다.

긴자의 랜드마크
긴자 식스 GINZA SIX

주소 東京都中央区銀座 6-10-1　위치 ❶도쿄 메트로 긴자선·마루노우치선·히비야선 긴자역 A3 출구에서 도보
2분 ❷도쿄 메트로 히비야선, 도에이 아사쿠사선 히가시긴자역 A1 출구에서 도보 3분　시간 10:30~20:30　휴무
부정기　홈페이지 ginza6.tokyo　전화 03-6891-3390

긴자의 랜드마크라고 할 수 있는 긴자 식스는 2017년
4월에 그랜드 오픈했다. 긴자에서 241종의 유명 브랜
드를 보유한 최대 상업 시설로서 일본인들은 물론 외국
관광객들도 쇼핑을 위해 반드시 들르는 곳이 되었다.
특히 카페와 레스토랑은 일본 최초로 오픈한 해외 유명
음식점의 한정 런치나 인기 카페의 긴자 식스 한정 디
저트 등 이곳에서만 맛볼 수 있는 메뉴들로 가득하다.
긴자 식스 지하 2층은 기념품 먹거리 판매, 지하1층~5
층은 화장품, 의류, 라이프스타일 용품 판매, 6층에는

쓰타야와 레스토랑, 13층은 라운지 바와 옥상 정원으로 구성되어 있다.

6층에 위치한 쓰타야 서점은 다른 지역의 지점과는 다르다. 전 세계의 유명한 아트 출판사들의 특별한 책 6
만 권을 이곳에 모았다. '아트'라는 확실한 콘셉트가 새로운 유행을 주도하는 긴자 식스와 잘 어울려, 미술관
련 전공 학생들이나 업계 사람들이 자주 들리는 곳이다. 13층의 옥상 정원에서는 긴자의 풍경 외에 도쿄 타
워까지 보인다.

독창적인 인테리어로 유명한 유니클로 매장

유니클로 긴자점 ユニクロ 銀座店

주소 東京都中央区銀座 6-9-5 ギンザコマツ東館 1-12F 위치 도쿄 메트로 긴자선 긴자역 A-2 출구에서 도보 4분 시간 11:00~21:00 휴무 연중무휴 홈페이지 www.uniqlo.com/jp/ja 전화 03-6252-5181

고급 백화점 일색이던 긴자에 유니클로가 코로나 이후 일본 최대 규모의 플래그십 스토어를 오픈했다. 유니클로 긴자점은 실내 건축을 베이징 올림픽 스타디움을 디자인했다고 알려진 스위스 건축 컴퍼니 'H & deM'에서 설계해, 콘크리트 자재의 기둥을 이용한 매우 독창적인 인테리어를 볼 수 있다. 1층에 있는 '라이프웨어 스퀘어LifeWear

SQUARE' 코너에는 유니클로가 선보이는 새로운 소재 에어리즘 AIRism의 기능을 눈으로 직접 볼 수 있는 장치를 마련해 놓아 방문자의 시선을 단숨에 빼앗는다. 그 밖에도 일본 유니클로에서만 볼 수 있는 맞춤 정장 코너도 준비되어 있다. 긴자 식스의 맞은편에 위치해 있어 젊은 층이 많이 찾고 있다.

일본 최대의 장난감 가게

하쿠힌칸 토이파크 博品館 TOY PARK

주소 東京都中央区銀座 8-8-11 위치 긴자선, 마루노우치선, 히비야선 긴자역 A2출구에서 도보 5분 시간 11:00~20:00 휴무 연중무휴 홈페이지 www.hakuhinkan.co.jp 전화 03-3571-8008

명품 거리 긴자에서 보기 드문 장난감 가게다. 하쿠힌칸의 역사는 1899년에 시작됐다. 1978년 창업 80주년을 기념해 현재의 자리에 10층 건물을 신축했다. 지하 1층부터 4층까지 약 20만 점의 장난감이 있다. 1986년에는 일본 최대의 장난감 가게로 기네스북에 등재되기도 했다. 5층과 6층은 식당가, 8층은 극장이 있다. 유아용 완구부터, 호빵맨과 같은 캐릭터 상품, 게임이나 퍼즐 제품까지 세상에 존재하는 다양한 장난감이 있다.

레드클립이 상징인 문구점
이토야 伊東屋

주소 東京都中央区銀座 2-7-15 위치 긴자선, 마루노우치선, 히비야선 긴자역 A13 출구에서 교차시 방면 도보 2분 시간 10:00~20:00(일·공휴일 19:00), 10:00~22:00(12층 CAFE Stylo , 주문 마감 21:00) 휴무 연중무휴 홈페이지 www.ito-ya.co.jp 전화 03-3561-8311

1904년에 창업한 유서 깊은 문구점으로, 본관과 별관이 있고, 이토야의 레드클립이 상징이다. 이토야는 단순한 문구점이 아닌 다양한 디자인과 개성 넘치는 필기구, 종이, 포장지까지 판매하고 있다. 2015년 6월에 리뉴얼 오픈 이후 더 세련된 매장을 갖추고 있으며, 예쁜 편지지에 편지글을 써서 바로 보낼 수 있고, 이토야가 직접 디자인한 오리지널 우표도 판매한다. 12층의 카페 스타일로 CAFE Stylo에서는 11층의 야채 공장에서 생산된 야채를 바로 먹을 수 있다.

뛰어난 건축미로 돋보이는 건물
도큐 플라자 東急プラザ

주소 東京都中央区銀座 5-2-1 위치 긴자선, 마루노우치선, 히비야선 긴자역 A13 출구에서 도보 5분 시간 11:00~21:00(매장), 11:00~23:00(레스토랑) 휴무 연중무휴 홈페이지 ginza.tokyu-plaza.com 전화 03-3571-0109

2016년 3월에 개업한 도큐 플라자 긴자는 일본의 전통 공예 디자인인 에도기리코를 모티브로 한 외관을 지니고 있으며 'Creative Japan, 세상은 여기서부터 재미있어진다' 라는 콘셉트로 새로운 유행을 선도하는 125개의 매장을 가지고 있다. 섬세한 에도기리코 커트 유리를 모티브로 한 외관은 뛰어난 건축미를 가진 건물들이 많은 긴자에서도 한눈에 들어온다. 6층에 있는 기리코 라운지는 바닥부터 천장까지 이어지는 창문이 있어 긴자의 메인 거리를 한눈에 내려다볼 수 있다. 옥상의 기리코 테라스도 들러 볼 만하며, 8~9층에는 도쿄 최대 규모의 면세점 매장이 있다.

폭넓은 콘텐츠를 체험할 수 있는 곳
긴자 플레이스 銀座プレイス [긴자 푸레이쓰]

주소 東京都中央区銀座 3-6-1 위치 긴자선, 마루노우치선, 히비야선 긴자역 A13 출구에서 바로 시간 10:00~20:00(매장), 11:00~22:00(레스토랑) 휴무 1월1일, 연간 2회 부정기, 공휴일 홈페이지 www.matsuya.com 전화 03-3567-1211

긴자 4초메 교차로에 위치한 복합 상업 시설이다. 전통적인 꽃바구니나 투조 기법에서 영감을 얻어 5,315장의 알루미늄 패널을 격자형으로 배열한 이 멋진 빌딩은 11층 건물로 2016년 9월에 준공되었다. 최신 기술을 소개받고 제품을 구입할 수 있는 소니 스토어, 미래를 느낄 수 있는 닛산의 쇼룸, 삿포로 생맥주 본래의 맛을 즐기실 수 있는 스탠딩 맥주 바 '삿포로 생맥주 블랙 라벨 The Bar', 건강 증진 활동 등을 지원하는 스미토모생명 '바이털리티Vitality' 플래그십 숍, 그리고 일본에 최초로 상륙한 스파 브랜드 숍 등 폭넓은 콘텐츠를 체험할 수 있다.

지하 식품 매장이 더 유명한 백화점
무인양품 긴자 無印良品 銀座 [무지루시료힌 긴자]

주소 東京都中央区銀座 3-3-5 위치 ❶ 도쿄 메트로 마루노우치선·긴자선·히비야선 긴자역 B4 출구에서 도보 3분 ❷ 도쿄 메트로 유라쿠초선 긴자잇초메역 5번 출구에서 도보 3분 ❸ JR 유라쿠초역 중앙 출구에서 도보 5분 시간 11:00~21:00 / 무지 디너 11:00~21:00(주문 마감 20:00) / 아틀리에 무지 긴자 11:00~21:00 / 베이커리 07:30~21:00(평일), 10:00~21:00(토·일·공휴일) 휴무 1월 1일 홈페이지 shop.muji.com/jp/ginza 전화 03-5962-8898

2019년 봄에 그랜드 오픈한 무인양품 긴자는 기존의 무인양품점과는 달리, 큰 규모의 베이커리과 다이닝 레스토랑 그리고 무인양품 호텔까지 결합한 슈퍼 무인양품점이다. 전체 10층 건물에 상품 판매 시설부터 숙박 시설에 걸쳐 세계 최대급 규모로 운영되고 있다(1~6층은 점포, 6층 일부와 7~10층은 호텔). 1층에는 큰 규모의 식료품 코너, 고급 빵을 판매하는 베이커리, 고급 차 전문점이 있고 지하에는 독특한 개성의 '무지 디너 레스토랑'이 있어 호텔 숙박객이 아니어도 다양한 음식을 즐길 수 있다. 6층부터 10층은 무인양품의 제품들로 구성된 호텔로 무인양품의 최신 트렌드와 감성이 담겨 있는 무지 라운지와 바, 전시 공간 등이 있다.

아틀리에 무지 긴자 ATELIER MUJI GINZA

6층에 있는 전시 공간, 디자인을 테마로 2개의 'Gallery'에서 각각 진행되며, 한 곳은 상설 전시, 또 다른 한 곳은 3개월마다 전시 내용이 교체된다. 또 다른 공간인 Salon에서는 수령 400살의 녹나무로 만든 커다란 바 카운터와 테이블석이 마련되어 있어 커피, 홍차등 음료를 마시며 쉴 수 있으며 로비 내부에 있는 라이브러리에는 '일본을 보는 방법'을 테마로 한 500권 정도의 서적이 진열되어 있다. 약 10개의 테마로 일본 각지를 안내하는 일본어, 영어, 중국어 서적을 편안한 소파에 앉아 읽을 수 있다.

와 WA

무인호텔 긴자의 대표적인 레스토랑 'WA'. 최고의 요리사들이 일본 각지를 여행하며 체험한 맛'을 요리에 담아 내어주는데 메뉴는 3개월마다 바뀐다. 조식은 무인 양품 호텔의 숙박자들에게만 제공되며, 이후에는 일반인들이 이용 가능하다.

무지 호텔 Muji Hotel Ginza

호텔 프런트 데스크는 일식점 'WA' 바로 옆에 위치하고 있으며 벽의 돌들은 100여 년 전에 도쿄를 달리던 노면전차의 포석을 재이용했다. 객실은 9가지 타입, 총 79실 규모이다. '화려함을 배제하지만 값싸 보이지 않음Anti gorgeous Anti cheap'을 콘셉트로 삼고 있어, 번화가의 호텔이지만 일상생활의 연장처럼 숙박객에게 마치 집에 돌아온 듯한 편안함과 쾌적함을 느끼게 한다. 객실 조명 밝기, 에어컨 온도, 창문의 개폐를 모두 태블릿으로 조절할 수 있으며, 객실 내부에 있는 비품도 모두 무인양품의 제품들로만 구성되어 있다. 세안용품 등 어메니티 일부는 가져가도 된다. 그 외에도 사용 후 마음에 드는 제품이 있다면 바로 아래층에 있는 매장에서 구입할 수 있다.

청과 코너

생산자로부터 좋은 품질의 제철 과일들이 당일 배송되어 판매하고 있다. 이 코너에서는 이 과일들을 사용한 주스를 바로 맛볼 수 있다.

무지 베이커리

무인양품 긴자점에서 가장 일찍 문을 여는 곳이 1층으로, 오픈 시간인 매일 아침 7시 30분에는 다양한 종류의 바로 구워진 빵이 판매된다. 그중에서도 '롤빵(90엔)'은 부드럽고 가격도 저렴하여 큰 인기가 있다.

티 블렌딩 공방

1층에 들어서자마 수많은 찻잎과 티백으로 가득 찬 커다란 목제 선반
이 단연 시선을 끈다. 유기농 녹차, 유기농 호지차, 유기농 루이보스
티 등 3종류를 기본으로 만드는 블렌드 티를 32종을 판매하고 있다.

 ## 무지 다이너 MUJI Diner

일본에서 처음으로 문을 연 무인양품의 레스토랑 '무지 다이너'는
'자연의 맛', '즐거움', '전통', '나눔'을 콘셉트로 일본 각지의 제철 채
소를 중심으로 제철 해산물과 고기 요리 등을 이용한 일품요리를 제
공하고 있다. 방부제를 쓰지 않고 조미료를 최대한 줄인 심플한 조리
방식을 고수하고 있는데 채소나 과일의 종류와 크기를 일부러 균일
하게 맞추지 않고 식재료 본연의 풍미를 최대한으로 끌어내는 무지
다이너만의 개성을 찾아볼 수 있다.

일본 전통극을 관람할 수 있는 공연장

가부키자 歌舞伎座 [코쿠리츠 신비쥬츠칸]

주소 東京都中央区銀座4-12-15 위치 도쿄 메트로 히비야선,
도에이 지하철 아사쿠사선 히가시긴자역 3번 출구에서 바로 시
간 공연 때마다 다름 / 주게츠도 10:30~17:00 홈페이지 www.
kabuki-za.co.jp / 주게츠도 maruyamanori.net/sp/kabuki-
za/store 전화 03-3545-6300

가부키의 상설 공연장으로 1889년에 개장했다. 현재의 극장
건물은 5대째에 해당되며 일본의 유명 건축가 구마 겐고의 설
계에 의해 2013년에 건축되었다. 외국인들이 내용을 이해할 수 있도록 자막 형식의 영어 안내도 제공하고
있다. 가부키를 관람하지 않더라도 갤러리와 매점이 갖춰져 있으며 5층에는 일본식 정원, 그리고 그 정원을
보며 차를 마실 수 있는 찻집 '주게츠도寿月堂'가 있다.

돈카츠와 오므라이스의 원조

렌카테이 煉瓦亭 [렌카테이]

주소 東京都中央区銀座 3-5-16 위치 도쿄 메트로 긴자선 긴자역 A10 혹은 B1 출구에서 도보 3분 시간 월~토·공휴일 11:15~15:00(주문 마감 14:30), 16:40~21:00(주문 마감 20:30) 휴무 일요일 홈페이지 www.facebook.com/ginza.rengatei 전화03-3561-7258

1895년에 창업한 오랜 역사의 양식 레스토랑으로 오므라이스, 돈카츠 등 여러 서양식 메뉴의 원조로 알려져 있다. 돈카츠, 오므라이스, 카키후라이, 에비후라이, 하야시 라이스의 양식 메뉴와 함께, 접시에 밥을 담는 아이디어를 고안했다고 한다. 가게는 지하 1층부터 3층까지 4개 층을 사용하고 있는데 점심 시간에는 대기열이 긴 곳이다.

돈카츠와 오므라이스가 유명한 곳이니 이 두 메뉴 중에서 선택하면 된다. 내부는 오랜 역사의 흔적이 고스란히 남아 있다. 돈카츠는 부드럽고 육즙이 그래도 살아 있다. 대기열은 기본이며 노포답게 카드를 받지 않는다.

혼자 먹기 어려운 초대형 샌드위치

아메리칸 喫茶 アメリカン- [킷사 아메리칸]

주소 東京都中央区銀座4丁目11-7 위치 도쿄 메트로 히비야선 히가시긴자역 3번 출구에서 도보 2~3분 시간 08:00~10:30, 12:00~15:30(빵이 떨어지면 영업 종료) 휴무 토·일·공휴일 전화03-3542-0922

미국에도 없는 초대형 샌드위치로 유명한 곳으로 1982년에 문을 열었다. 일본 유명 연예인들도 많이 찾는데 터질 듯이 푸짐하게 속을 채운 샌드위치가 인기이다. 대표 메뉴인 달걀 샌드위치에 무려 5개의 달걀이 들어간다. 가게 안이 좁고 양이 많아 포장해서 가져가는 경우도 있다. 가게 주인은 20대 때 대형 식품 가공 업체에서 샌드위치를 만드는 부서에 있었고, 30세 때 회사를 그만 두고 시작한 가게가 아메리칸이다. 아메리칸의 샌드위치에서 빼놓을 수 없는 것이 갓 구운 빵이다. 아카바네바시에 있는 '신바시 베이커리'에서 하루 2차례, 아침과 낮에 갓 구운 빵을 공급받는다. 아침은 식빵 35개와 프랑스 빵 15개, 점심은 식빵 38개, 이렇게 많은 식빵을 받지만 매일 다 팔린다. 가게의 안주인이 영어가 유창하니, 일본어가 어렵다면 영어로 주문해도 된다. 양이 많기 때문에 최소 두 명이 가야 한다는 것을 잊지 말자.

일왕도 왔다 간 앙금빵 전문점

기무라야 木村家 [키무라야]

주소 東京都中央区銀座 4-5-7 위치 ❶ JR 유라쿠초역 중앙 출구에서 도보 4분 ❷ 유라쿠초선 긴자잇초메역 4번 출구에서 도보 2분 ❸ 긴자선, 마루노우치선, 히비야선 긴자역 C8 출구에서 도보 2분 시간 11:00~21:00(일~목), 11:00~21:00(금·토) 휴무 1월 1일 홈페이지 www.ginzakimuraya.jp/bakery 전화 03-3561-0091

1869년 기무라 야스베가 창립한 앙금빵 전문 가게다. 앙금빵 외에도 머핀, 도넛, 크루아상 등의 베이커리를 판매하고 있다. 이 가게의 앙금빵은 쌀과 누룩으로 반죽을 발효시켜 만든다. 과거 메이지 일왕이 먹기도 했다. 긴자 4초메 교차로 근처에 있는 현재의 건물은 1층이 매점, 2~4층이 레스토랑, 7~8층이 공장으로 운영하고 있으며, 갓 구운 신선한 빵들이 매장에 놓이기 무섭게 팔려 나간다. 특히 벚꽃을 소금에 절여 앙금으로 만든 벚꽃 앙금빵은 하루에 약 2,000개가 팔릴 만큼 인기 상품이다.

귀여운 사쿠라 모치를 파는 화과자 전문점

긴자 아케보노 銀座あけぼの [긴자 아케보노]

주소 東京都中央区銀座 5-7-19 위치 ❶ 도쿄 메트로 긴자선·마루노우치선·히비야선 긴자역 A1출구에서 바로 ❷ 유라쿠초선 긴자잇초메 9번 출구에서 도보 5분 ❸ 도에이 아사쿠사선 히가시긴자역 A2 출구에서 도보 5분 시간 10:00~21:00(월~토), 10:00~20:00(일·공휴일) 휴무 연중무휴 홈페이지 www.ginza-akebono.co.jp/index.html 전화 03-3571-3640

제2차 세계 대전이 끝난 직후인 1948년, '새로운 일본의 새벽'을 바라는 마음을 '아케보노'라는 상호에 담아 긴자 4초메 교차로 근처에서 탄생했다. 화과자 전문점으로 가장 유명한 제품이 봄 시즌에 판매되는 사쿠라 모치이다. 이곳에서 판매하는 사쿠라 모치는 귀여운 모양과 향기 그리고 부드러운 맛으로 봄의 명물이라고 한다. 가게 앞에는 항상 많은 사람들이 모여 있지만 긴자를 여행 중이라면 맛보는 것을 추천한다.

> **Tip. 긴자의 보행자 천국**
>
> 긴자의 메인 거리인 주오도리에서는 토요일, 일요일, 공휴일에 한해서 차가 다니지 않는 보행자 천국을 실시한다. 파라솔과 의자까지 제공되는데 보행자 천국 구간은 주오도리 긴자 거리 입구 교차로에서 긴자 8초메 교차로까지(약 1,100m)이다. 시간은 4월부터 9월까지 정오부터 오후 6시까지이며, 10월부터 3월까지는 정오부터 오후 5시까지이다.

일본 근대화의 상징

히비야 日比谷

도쿠가와 막부가 에도성을 거점으로 정한 이후, 히비야 지역은 해안 습지대가 매립되어 다이묘들의 저택이 있는 거리로 변모했다. 메이지 유신 이후에는 일본 최초의 서양식 호텔인 제국 호텔, 도쿄부청과 사교 클럽 등이 건설되어 일본의 근대화를 상징하는 거리가 되었고 극장·호텔·대기업의 본사들이 들어서면서 일본을 대표하는 비즈니스 거리가 되었다. 2018년 도쿄 미드타운 히비야가 탄생하여 히비야의 새로운 랜드마크가 되었다.

교통편 (도쿄 메트로 히비야선, 치요다선, 도에이 미타선) 히비야역, (도쿄 메트로 마루노우치선, 치요다선) 가스미가세키역

여행법 • 히비야는 도쿄역과 고쿄(황거)를 비롯한 도쿄 중심지 여행의 핵심이 되는 곳이다. 해자 건너 고쿄가 있고 주변에 긴자, 신바시, 유라쿠초, 마루노우치와 붙어 있다. 히비야 공원은 도심 속의 오아시스 같은 곳으로 여행자에게도 휴식처가 된다.

• 히비야 공원 내의 레스토랑, 카페도 추천 스폿이다. 고쿄를 보고 마루노우치나 긴자로 이동하기 전에 정원이 잘 가꾸어진 히비야 공원에서 잠시 휴식을 갖도록 하자.

일본에서 가장 오래된 서양 근대식 공원
히비야공원 日比谷公園 [히비야 코엔]

주소 千代田区日比谷公園1-6 **위치 ❶** 도쿄 메트로 마루노우치선·치요다선 가스미가세키역 B2 출구에서 바로 **❷** 도쿄 메트로 히비야선·치요다선, 도에이 미타선 히비야역 A10, A14 출구에서 바로 **❸** 도쿄 메트로 유라쿠초선 사쿠라다몬역에서 도보 5분 **❹** JR 유라쿠초역에서 도보 8분 홈페이지 www.tokyo-park. or.jp/park/format/index037.html 전화 03-3501-6428

1903년에 개원한 도쿄 히비야 공원은 일본에서 가장 오래 된 서양 근대식 공원이다. 가스미가세키와 긴자, 신바시에 인접해 있어서 인근 비즈니스 지역에서 근무하는 사람들의 휴식처가 되고 있다. 공원 내에는 색색의 꽃들이 피어나는 화단과 벚나무, 은행나무 등이 심어져 있어 풍부한 자연과 계절의 변화를 즐길 수 있고 공원에는 크고 작은 야외 음악당과 공회당, 분수 광장, 화단, 도서관, 테니스 코트, 음식점 등이 있다. 고쿄에

서 긴자 혹은 마루노우치지역으로 이동할 때 잠시 들러 휴식을 취하기에 딱 좋다.

· 히비야 공원 ·
INSIDE

🍴 히비야마츠모토로 日比谷松本楼

1903년에 현재의 히비야 공원이 개원될 즈음에, 긴자에서 식당을 경영하고 있던 코사카 우메요시가 낙찰되어 그해 6월 1일에 오픈했다. 당시로서는 드문 서양식 레스토랑인지라 인기가 있었다. 제2차 세계대전 전에는 일본에 망명해 있던 중화민국 초대 총통의 쑨원과 인도 독립운동가 라스 비하리 보스, 2008년에는 후진타오 중국 국가주석이 방문했다. 다카무

라 고타로의 〈지에코초智惠子抄〉를 비롯해 나쓰메 소세키, 마쓰모토 세이초 등의 문학 작품에도 무대로 등장하여 시대를 초월한 히비야 공원의 상징적 존재가 되었다. 1층의 '그릴 & 가든 테라스'에서는 점심 식사, 티 타임, 그리고 저녁까지 100년 전부터 사랑받고 있는 '하이 칼라', 즉 창업 당시 유행했던 양식이 제공된다. 보통은 히비야마츠모토로를 유명하게 만든 비프 카레를 추천하지만, 여러 종류의 요리를 맛보고 싶다면 '마츠모토로가 선정한 빅 플레이트'를 선택해 보기를 바란다.

주소 東京都千代田区日比谷公園 1-2 **위치** 도쿄 메트로 히비야선 A14 출구에서 도보 2분 **시간** 11:00~21:00 **휴무** 연말연시 **홈페이지** www.matsumotoro.co.jp **전화** 03-3503-1452

목을 건 은행나무

공원 설계자인 혼다 세이로쿠는 현재의 히비야 교차점에 있던 은행나무를 원
내에 이식하려고 했다. '내 목을 걸고서라도' 이식하겠다는 결심을 한 혼다는
무사히 은행나무의 이식을 성공시켰고, 그래서 이 나무를 '목을 건 은행나무'
라고도 부른다.

펠리스 가든 히비야(구 히비야 공원 관리 사무소)
フェリーチェガーデン日比谷 （旧日比谷公園事務所）

히비야공원은 일본 최초의 서양식공원으로 이 건물은 히비야
공원 관리 사무소로 1910년에 건축되었다. 서양식 공원에 적
합하도록 당시로서는 매우 참신한 독일 방갈로 풍의 우아함 구
조로 되어 있다. 1976년에 공원 자료관으로 사용하기 위해 내
부를 개조했지만 건물의 구조나 외관의 변경은 최소화하여 옛
모습을 잘 유지하고 있다. 메이지 시대의 몇 안되는 근대 서양
식 건축물이다.

위치 히비야역 A10 출구에서 도보 1분

고가 아래 공간을 활용한 상가
히비야 오쿠로지 日比谷 OKUROJI

주소 東京都千代田区内幸町 1-7-1 위치 ❶ JR 유라쿠초역에서 도보 7분 ❷ JR 신바시역 히비야 출구에서
도보 6분 시간 점포마다 다름 휴무 점포마다 다름 홈페이지 www.jrtk.jp/hibiya-okuroji

2020년 9월, JR 유라쿠초역과 신바시역을 연결하는 고가 아래에 탄생한 히비야 오쿠로지는 세로로
약 300m 이어지는 시설 내에 음식점 21개, 상점 14개로 총 35개 점포가 영업을 하고 있다. 이 프로젝
트는 100년 이상의 역사를 가진 벽돌 아치 육교와 도카이도선, 도카이도 신칸센 육교가 하나로 이어
져 새롭게 태어난 철교 아래 공간을 상업 공간으로 재생하는 프로젝트이다. 내부에 들어서면 양쪽 통
로를 따라 음식점과 잡화, 신발, 패션까지 다양한 가게들을 만날 수 있다. 철도 고가 아래에 상업 공간
을 만드는 요즘 도쿄의 유행에 따른 것으로 들러 볼 만하다.

히비야의 새로운 랜드마크

도쿄 미드타운 히비야 東京ミッドタウン日比谷

주소 東京都千代田区有楽町 1-1-2 위치 ❶ 도쿄 메트로 치요다선·히비야선, 도에이 지하철 미타선 히비야 역과 바로 연결 ❷ 도쿄 메트로 유라쿠초선 유라쿠초역에서 도보 4분 ❸ 도쿄 메트로 마루노우치선·히비야 선·긴자선 긴자역에서 도보 5분 ❹ JR 유라쿠초역에서 도보 5분 전화 03-5157-1251

2018년 오픈과 동시에 히비야의 새로운 랜드마크로 급부상한 곳으로, 고쿄와 히비야 공원을 내려다보는 35층 건물 안에는 오피스뿐 아니라 60여 개의 숍과 레스토랑이 들어서 있다. 이곳의 콘셉트는 '어른들의 놀이터'이다. 하루 종일 있어도 놀거리가 많으며 경계가 없어지는 F&B, 복합형 매장으로 구성되어 있다. VR 드라이빙을 체험할 수 있는 렉서스 쇼룸, 명품 코스메틱을 한자리에 모아 둔 이세탄 미러, 4~5층의 토호 시네마, 지하의 디저트 숍들도 구경할 만한데 특히 지하 1층의 '델리모'는 아이스크림과 과일이 듬뿍 들어간 파르페가 괜찮다. 6층의 옥상 정원에 올라서면 히비야 공원과 멀리 고쿄까지 볼 수 있을 정도로 전망이 좋다. 가벼운 샌드위치를 먹으며 전망 좋은 곳에서 시간을 보내기 딱 알맞은 곳이다.

서민적인 분위기의 음식점이 모여 있는 곳

유라쿠초 가드시타 有楽町高架下

주소 東京都千代田区有楽町 2-4-1 위치 JR, 도쿄 메트로 유라쿠초역에서 도보 1분

일본에서는 선로 또는 고가 아래에 작은 음식점들이 들어서 있는 곳을 '가드시타'라고 부른다. 대개는 술집이 많다 보니 '가드시타 이자카야'라고 불리기도 하며, 작고 붉은 등롱이 달려 있는 것이 특징이다. 저녁 시간이 되면 퇴근하는 회사원들이 한잔 마시는 서민적 분위기인데다, 가게마다 각기 다른 콘셉트와 맛을 가지고 있어 현지인들뿐만 아니라 관광객들도 많이 방문한다. 가격도 비교적 저렴한 편으로 저녁 시간에는 회사원들과 여행객들로 항상 북적인다. 여행 중에 식사와 함께 가벼운 여흥을 즐길 장소로 알맞다.

어시장으로 유명한 동네

쓰키지 築地

쓰키지는 '매립지'라는 의미로, 1657년 메이레키 대화재 때 피해를 입은 아사쿠사 부근의 사원 신도들이 재건을 위해 바다를 매립한 것이 쓰키지의 시작이다. 메이지 유신 이후 행정 기관과 해군 및 해운 관련 시설이 집중되었다. 관동 대지진으로 폐허로 변하자, 1935년 니혼바시에 있던 어시장이 쓰키지로 이전하여 유명해졌다. 어시장은 2018년 10월 도요스로 이전했지만 장외시장은 여전히 수많은 관광객으로 북적이고 있다.

교통편 (히비야선) 쓰키지역, (오에도선) 쓰키지시조역

여행법 • 쓰키지는 긴자, 시오도메에서 도보 10분 거리에 있어, 긴자와 함께 일정을 짤 수 있다. 다만 그런 경우에는 쓰키지를 아침 일찍 가도록 하자. 쓰키지 장외시장의 가게들은 아침 일찍 문을 열고 일찍 문을 닫는 곳이 많다. 또한 아침 일찍부터 관광객들이 줄을 서기 때문에 맛집의 경우 일찍 가지 않으면 줄을 서다가 시간을 다 보낼 수도 있다. 쓰키지 장외시장에서 일찍 아침 식사를 하고, 긴자 혹은 다른 지역으로 이동하는 것을 추천한다.

• 도요스 시장은 새로 건설된 곳이라 쓰키지 시장보다 깨끗하고 여행자를 위한 이동, 관람 등의 편의성이 좋다. 참치 경매 같은 것에 관심이 없다면 이곳 역시 아침 일찍 가야 한다. 대부분의 유명 스시 가게들은 11시면 재료가 떨어지기 때문이다.

맛집 탐방하기 좋은 시장
쓰키지 장외시장 築地場外市場 [쓰키지쬬-가이시쬬-]

주소 東京都中央区築地 4丁目　위치 ❶ 도에이 오에도선 쓰키지시조역 A1 출구에서 도보 1분 ❷ 도쿄 메트로 히비야선 쓰키지역 1번, 2번 출구에서 도보 1분 홈페이지 www.tsukiji.or.jp/

쓰키지 장외시장은 약 400개에 달하는 해산물 가게나 건
어물 가게, 초밥집, 과일 가게, 정육점, 장아찌 가게, 조리
도구 가게 등이 들어선 종합 시장이다. 함께 있었던 쓰키
지 시장은 에도 시대부터 어류와 식품이 거래되던 시장이
었으며 원래는 '니혼바시 어시장'으로 불렸으나 1923년
대지진 이후 현재의 위치로 옮겨 왔다. 수산 시장이 도요
스로 이전한 후에도 장외시장은 남아 있다. 영업 시간은
아침 5시부터 13시경까지이다. 이곳에 유명한 초밥이나

카이센동 등을 먹으러 간다면 최소한 아침 7시에는 가야 한다. 현지 일본인보다 외국인 여행자들이
더 많이 모여들다 보니, 대기열이 너무 긴 것과 음식 외에는 딱히 볼거리가 없는 것이 아쉽다.

· 쓰키지 시장 ·
INSIDE

🍴 쓰키지 스시이치방 4초메 장외시장점 築地 すし一番 4丁目場外市場店

최고급 참치를 맛볼 수 있는 가게로 유명하다. 연간 200마리
이상의 참치 해체 쇼를 개최하고 있어, 항상 많은 사람들이
찾는 곳이다.

주소 東京都中央区築地4-8-6　위치 ❶ 도에이 오에도선 쓰키지
시조역 A1 출구에서 도보 2분 ❷ 도쿄 메트로 히비야선 쓰키지
역 1번 출구에서 도보 2분 시간 24시간 영업 휴무 연중무휴 전화
03-3549-1452

🍴 스시잔마이 쓰키지 본점 すしざんまい 本店

일본 전국에 52개의 점포가 있는 유명 스시 체인점 스시잔
마이의 본점이 쓰키지에 있다. 고급 스시가 아닌 적당한 가격
에, 검증된 맛으로 스시잔마이는 항상 웨이팅이 긴 곳으로 유
명하다.

주소 東京都中央区築地4-11-9　위치 ❶ 도쿄 메트로 히비야선
쓰키지역 1번 출구에서 도보 3분 ❷ 도에이 오에도선 쓰키지시조
역 A1 출구에서 도보 3분 시간 24시간 영업 휴무 연중무휴 전화
03-3541-1117

쓰키지를 대표하는 건축물
쓰키지 혼간지 築地本願寺 [쓰키지 혼간지]

주소 東京都中央区築地3-15-1 위치 ❶도쿄 메트로 히비야선 쓰키지역 1번 출구에서 바로 ❷도쿄 메트로 유라쿠초선 신토미역 4번 출구에서 도보 5분 ❸도에이 지하철 아사쿠사선 히가시긴자역에서 5번 출구에서 도보 5분 ❹도에이 오에도선 쓰키지시조역 A1 출구에서 도보 5분 시간 06:00~16:00 휴무 연중무휴 홈페이지 tsukijihongwanji.jp 전화 0120-792-048

쓰키지 혼간지築地本願寺는 쓰키지에 있는 사원으로 본당 외관은 독특하게도 고대 인도 양식을 따른 석조로 되어 있으나, 내부는 전통적인 진종 사원 구조로 되어 있다. 현재의 본당은 1934년 준공했다. 당시 정토진종 혼간지파의 지도자인 오타니와 친분이 있던 도쿄제국대학 공학부 명예교수 이토 다다타에 의해 설계되었다. 당시의 종교 시설로서는 드문 철근 콘크리트 구조로 시공되었다. 대리석 조각이 풍부하게 사용되었으며 그 스타일은 지금도 참신하고 장엄하여, 츠키지 거리를 대표하는 건축물이 되었다. 본당은 2014년 중요 문화재로 지정되었다. 본당의 양옆에는 전도회관이 있고, 우측에 위치한 제1전도회관에는 일본 음식점이나 티 라운지가 있어 휴식을 취할 수 있고, 3층에는 숙박이 가능한 시설도 있다.

아침 식사가 맛있는 카페
쓰키지 혼간지 카페 츠무기 築地本願寺カフェ Tsumugi

시간 08:00~21:00 사전 예약 홈페이지 yoyaku.toreta.in/wacafetsumugi/#

쓰키지 혼간지 왼편에 있는 이 카페는 아침 식사로 맛있기로 유명한 곳이다. 야채와 두부, 제철 진미 등 반찬 16가지에 죽과 된장국이 세트로 된 '18품 아침 식사'가 가장 인기 있는 메뉴이며 일본 차와 허브를 블렌딩한 '벳핀차'도 추천할만 하다. 항상 많은 이들이 찾는 곳이기에 사전 예약이 필요하다.

스시를 먹으러 가는 곳
도요스 시장 豊洲市場 [도요스 시죠-]

주소 東京都江東区豊洲6丁目 **위치** 유리카모메 시조마에역에서 바로

2018년 10월, 쓰키지 시장이 깔끔하고 현대화된
시설이 마련된 도요스로 이동했다. 2022년 4월 코
로나19로 인해 취소되었던 일반 공개를 재개했다.
관광객이 둘러볼 수 있는 곳은 3개의 구역이다. 6
블록은 수산 중개 매장동으로 구매업자가 해산물
을 사들이는 시장 풍경을 엿볼 수 있다. 음식점 수는
22곳으로 가장 많고 4층에는 관련 상품 매장 블록
인 우오가시 요코초가 있다. 5블록은 청과동이며 7
블록은 참치 경매가 열린다. 그 앞 관리 시설동에 13곳의 음식 점포가 있다. 도요스 시장 6블록에 인가
많은 식당들이 몰려 있는데, 이곳 '스시다이'가 시장 내 스시집 중 최고로 손꼽힌다. 이 가게는 해가 뜨
기 전부터 카운터석을 차지하기 위해 사람들이 줄을 설 정도로 유명하다.

옥상 녹지 공원

3층 보행 데크의 엘리베이터를 타고 5층으로 올라가 옥상 통로를 통해 갈 수 있다. 잔디가 가득 심어진 옥상에서 우뚝 서 있는 빌딩과 도쿄 타워 등을 한눈에 볼 수 있다.

쓰키지 카이센동 오에도 築地海鮮丼大江戸

오에도가 창업한 것은 1909년으로 쓰키지 시장이 생기기도 전으로, 어시장이 니혼바시에 있던 시절부터 시장 상인들이 식사를 하던 오랜 역사의 카이센동 전문점이다. 매일 도요스 시장에서 가장 신선한 해산물만을 구입하는 오에도에서 추천 메뉴는 '고로고로 사카나노 료시메시(큼직한 생선이 들어간 어부의 밥)'이다. 기본적으로 들어가는 재료는 참치와 가다랑어 다타키, 방어, 연어, 파를 넣고 다진 뱃살, 도미, 소금과 식초로 절인 고등어, 문어 다리, 샛줄멸, 가리비, 오징어, 계란말이, 무 절임, 구운 김까지 총 14가지이다. 오에도는 개방적인 카운터석이라 들어가기 쉽다. 모든 메뉴에 사진이 실려 있어 일본어를 몰라도 주문이 가능하다.

주소 東京都江東区豊洲6-5-1 東京都中央卸売市場豊洲市場内6街区 水産仲卸売場棟 3F **위치** 유리카모메 시조마에역에서 도보 7분 **시간** 06:30~15:30 **휴무** 일요일, 공휴일, 시장 휴무일 **홈페이지** www.tsukiji-ooedo.com **전화** 03-6633-8012

🍴 스시다이 寿司大

쓰키지 시장에서도 항상 줄 서서 먹는 인기 스시 맛집이라면 '스시다이'. 도요스로 이전한 후에도 그 인기는 사그라들 줄 모른다. 영업시간은 6:00~14:00에도 불구하고 평일에는 11시경, 토요일과 공휴일 등에는 그 날 주문이 종료될 정도다. 하루에 받는 손님 수가 정해져 있으니 런치보다는 아침식사를 먹으러 간다는 생각으로 일찍 찾아야 하는 가게다. 이곳을 찾는 대부분의 손님이 주문하는 것이 '점장의 추천세트'(5000엔, 세금 포함). 그 날 매입한 생선 종류에 따라 추천 재료로 만든 스시를 총 10개, 김말이 스시 1개. 그 중 마지막 1개는 원하는 재료를 주문할 수 있다. 바로 눈 앞에서 스시를 만드는 모습을 볼 수 있는 것도 카운터 스시집만의 매력. 물이 흐르는 듯한 자연스러운 손동작을 보고 있자면 반하고 말 것 같다.

주소 東京都江東区豊洲6-5-1 東京都中央卸売市場豊洲市場内6街区 水産仲卸売場棟 3F . 위치 유리카모메 시조마에역에서 도보 3분 시간 06:00~14:00 휴무 일요일, 공휴일, 시장 휴무일 홈페이지 twitter.com/sushidai_toyosu?ref_src=twsrc%5Egoogle%7Ctwcamp%5Eserp%7Ctwgr%5Eauthor 전화 03-6633-0042

🍴 에도마에 조카마치 江戸前場下町

일본의 부엌 '에도마에'를 주제로 도요스 시장의 초밥을 합리적인 가격으로 맛볼 수 있는 초밥집과 디저트 가게, 기념품 숍 등 총 21개 매장이 있다. 영어 메뉴도 있어 쉽게 주문이 가능하다. 바로 옆에 있는 도요스 시장과 함께 돌아보면 좋다.

주소 東京都江東区豊洲 6-3-12 위치 유리카모메 시조마에역에서 도보 1분 시간 09:00~18:00 휴무 일요일, 공휴일, 시장 휴무일 홈페이지 edomaejokamachi.com/shops

인형의 마을

닌교초 人形町

'닌교초'는 인형의 마을이다. 에도 시대 인형 작가와 인형사 등 인형극과 관련된 사람들이 모여 살던 마을이었기 때문에 인형 마을이라는 뜻의 '닌교초'라는 이름이 되었다. 닌교초에는 순산·양육에 영험이 있는 것으로 매우 유명한 스이텐구 신사가 있다. 순산을 축복한다는 술일戌日에는 순산을 빌며 임산부와 그 가족 등 많은 참배객들이 방문한다. 이처럼 닌교초는 예로부터 시타마치(전통적인 서민 동네)의 전통과 관습이 현재도 생생하게 숨 쉬는 전통의 거리로서 많은 인기를 모으고 있으며, 연령을 불문하고 많은 사람들로 붐빈다. 대를 이어 온 오래된 요리점, 옛 기술이 지금까지 전수되어 온 전통 공예점, 다도에는 빠질 수 없는 일본 전통 과자점 등이 곳곳에 있다.

교통편 (도쿄 메트로 히비야선, 도에이 아사쿠사선) 닌교초역, (도쿄 메트로 한조몬선) 스이텐구마에역

여행법 닌교초에서 여행자들이 갈 만한 구역은 매우 좁은 지역이라서, 반나절이면 모든 곳을 돌아볼 수 있다. 다만 이곳의 유명 음식점들은 워낙 유명세가 있어서 대기 줄을 서는 것을 감수해야 한다. 닌교초는 맛집 여행뿐만 아니라, 소소한 도쿄의 일상을 엿볼 수 있는 곳이므로 동네를 산책하듯 돌아보는 것을 추천한다.

전통 음식점과 술집이 모여 있는 먹자골목
아마자케 요코초 甘酒橫丁

위치 ① 도쿄 메트로 히비야선, 도에이 아사쿠사선 닌교초역 A1번 출구에서 도보 1분 **②** 도에이 신주쿠선 하마초역에서 도보 2분

아마자케 요코초는 닌교초역을 나오면 바로 보이는 아마자케 요코초 교차로에서 메이지자明治座까지 이어지는 300m 정도 되는 거리이다. 메이지 시대에 현재의 아마자케 요코초 입구에서 약간 남쪽으로 치우친 좁은 골목에 '오와리야尾張屋'라는 아마자케(감주) 가게가 있었는데, 그 골목을 아마자케 요코초라고 부르기 시작한 데서 유래되었다. 관동 대지진 이후 구획 정리가 이루어져 골목도 지금과 같은 넓이로 바뀌었으나, 이 거리는 여전히 아마자케 요코초라고 불리운다. 아마자케 요코초에는 전통 있는 일본 요리점과 토종 술 가게 등 50개 안팎의 다양한 상점이 늘어서 있다.

옛 정취 물씬 풍기는 시계탑
닌교초 가라쿠리야구라 人形町 からくりやぐら

주소 中央区日本橋人形町2丁目 **위치** 도쿄 메트로 히비야선 닌교초역 A1번 출구에서 도보 1분

닌교초 상점가에 우뚝 서 있는 2개의 태엽 인형 시계탑으로, 에도 시대의 옛 정취가 짙게 남아 있다. 스이텐구 쪽에 있는 것은 높이 6m 50cm의 '에도 라쿠고 가라쿠리야구라'이고, 닌교초 교차로 쪽에 있는 것은 높이 7m 55cm의 '마치비케시 가라쿠리야구라'이다. 매일 11시부터 19시까지 1시간 간격으로 약 2~3분간 자동 태엽으로 움직이는 인형극이 펼쳐진다. 둘 다 에도 시대의 정취가 물씬 풍기는 시계탑으로 닌교초를 찾는 사람들을 즐겁게 해 준다.

다양한 두부 요리를 맛볼 수 있는 곳
두부 요리 후타바 豆腐料理 双葉 人形町

주소 東京都中央区日本橋人形町 2-4-9 人形町双葉ビル
2F·3F 위치 도쿄 메트로 히비야선 닌교초역에서 도보 1분 시간
17:00~21:00(예약 필요) 휴무 토·일 전화 03-3665-1028

1907년 창업한 가게로, 두부의 종류가 다양하고 반죽에 신선
한 두유를 듬뿍 넣은 '두유 도넛'도 인기 있다. 쌀과 쌀누룩을
당화시킨 자연 식품인 무알코올 음료 '아마자케(감주)'는 부드
러운 맛으로 마시기 편해서 이것도 추천한다.

도쿄 3대 붕어빵
야나기야 柳屋

주소 東京都中央区日本橋人形町 2-11-3 위치 도쿄 메트로 히비야선 닌교초역 A1번 출구에서 도보 3분 시
간 12:30~18:30 휴무 일·공휴일 전화 03-3666-9901

바삭한 얇은 껍질과 최고급 단팥이 맛의 조화를 이루
는 도쿄 3대 타이야키(붕어빵) 가게 중의 하나이다. 이
가게에서 사용하는 홋카이도산 팥은, 한 알 한 알이 부
드럽고 달콤한 맛을 낸다. 팥의 풍미를 해치지 않도록
단팥은 매일 아침 직접 만든다. 타이야키는 매장에서
굽기 때문에 완성되는 동안에 장인의 기술을 보고 있
는 것도 즐겁다.

스키야키로 유명한 맛집
닌교초 이마한 본점 人形町 今半 本店 [닌교초 이마한 혼텐]

주소 東京都中央区日本橋人形町 2-9-12 위치 도쿄 메트로 히비야선 닌교초역 A2번 출구에서 도보 1분 시
간 11:00~15:00, 17:00~22:00 휴무 연말연시 전화 03-3666-7006

스키야키로 유명한 맛집으로, 1895년에 창업했다. 입
안에서 살살 녹는 식감이 유명해서 한국인 여행자도
많이 찾는 곳이다. 닌교초에는 모두 3곳의 이마한이
있다. 한 군데는 식당으로 운영되고, 두 군데는 고로케
와 벤토를 판매하는 곳이다. 시간이 없다면 이곳에서
판매하는 고소한 고로케를 맛보는 것으로 한 끼 식사
를 대신할 수 있다.

250년 전통의 원조 오야코동 가게

닌교초 타마히데 玉ひで

주소 東京都中央区日本橋人形町 1-17-10 위치 도쿄 메트로 히비야선 닌교초역 A2번 출구에서 도보 1분
시간 11:30~14:00, 17:00~22:00(월~금) / 11:30~14:00, 16:00~21:00(토·일·공휴일) 휴무 연중무휴
전화 03-3668-7651

한국 가이드북이나 여행자 후기에도 자주 등장하는
250년 된 전통 있는 가게이다. 이곳은 닭고기를 사용
한 원조 오야코동 가게로, 오야코동의 진수라고도 할
수 있는 곳이다. 2022년 5월에 신축을 위한 임시 휴업
중이고 2024년 가을에 재오픈 예정이다. 현재는 도쿄
메트로 히비야선 닌교초역 A2번 출구 바로 옆에 테이
크아웃점이 개설되어 있다.

4대째 이어 오는 전통 양식점

코하루켄 洋食小春軒 [요-쇼쿠 코하루켄]

주소 東京都中央区日本橋人形町 1-7-9 위치 도
쿄 메트로 히비야선 닌교초역 A2번 출구에서 도
보 1분 시간 11:00~13:45, 17:00~20:00 휴무
일·공휴일(토요일은 부정기 휴무) 전화 03-3661-
8830

1912년 창업 후, 4대째 내려오는 전통 양식점
이다. 내부 인테리어는 마치 시간이 멈춘 듯한
쇼와 레트로풍이다. 이곳의 추천 런치는 '특제
모둠 라이스'이다. 계란 프라이와 데미글라스
소스로 끓인 야채가 올라간 원조 가츠동도 추
천한다.

일본의 맨해튼

마루노우치 丸の内

도쿄역과 고쿄(황궁) 가이엔 정원 사이에 위치한 마루노우치는 메이지 시대(1868-1912년)에 처음 건축된 미쓰비시 1호관을 시작으로 런던의 롬바드 거리를 참고해 차례차례 벽돌 건물을 세워 '잇초 런던'이라고 불리기도 했다. 마루노우치라는 이름을 뜻 그대로 풀이하면 '동그라미 내'라는 뜻인데 황궁의 바깥쪽 해자 내에 위치하기 때문에 이런 이름이 붙었다.

오늘날의 마루노우치는 고층 빌딩이 인상적인 오피스가로 유명하지만 매력적인 쇼핑 거리가 곳곳에 있어 유럽풍 분위기를 느끼게 한다. 납작돌을 깐 가로수길, 마루노우치 나카도리 거리에서 명품 숍을 구경하거나, 거리에 전시되어 있는 예술 작품들을 감상할 수 있다. 11월부터 2월까지는 LED로 가로수를 장식해 동화 속 세계와 같은 분위기를 연출한다.

교통편 (JR 신칸선, 도카이도선, JR 야마노테선, 주오선, 게이힌 도호쿠선, 소부선, 게이요선, 도쿄 메트로 마루노우치선) 도쿄역

여행법 마루노우치와 도쿄역을 여행하는 출발점은 도쿄역 혹은 오테마치역, 히비야역이다. 히비야역이나 오테마치역에서 출발한다면 황궁 주변을 돌아보고, 마루노우치 브릭스퀘어를 거쳐 도쿄역으로 향한다. 도쿄역 전경 사진을 가장 멋지게 촬영할 수 있는 곳은 키테의 옥상 정원이다. 도쿄역은 그 자체로도 볼거리 많은 곳이라 마루노우치 지역을 여행할 때 돌아보도록 하자. 가장 볼거리가 많은 시기는 12월로, 도쿄역 주변, 키테, 마루노우치 나카도리에서 일루미네이션이 개최된다.

도쿄의 모든 철도 노선이 집중되었기에 도쿄역에서 출구를 찾는 일이 쉽지 않다. 도쿄역은 2개의 출구가 있다. 마루노우치 출구로 나가면 도쿄역 서쪽의 황궁, 마루노우치, 히비야 공원으로 갈 수 있으며, 야에스 출구로 나가면 도쿄역 동쪽의 캐릭터 스트리트, 라멘 스트리트, 니혼바시, 긴자로 갈 수 있다. 그러므로 자신이 가고자 하는 곳이 어딘지 확인하고, 무조건 그 출구 방향(지상)으로 가면 된다. 야에스 출구로 나와서 지하 1층으로 내려가면 도쿄역 1번가로 갈 수 있으며 이곳에 라멘 스트리트와 캐릭터 스트리트가 있다

마루노우치

루손
Lawson

아만 도쿄
アマン東京

오테마치역
大手町駅

와타쿠라 분수 공원
和田倉噴水公園

호텔 메트로폴리탄 마루노우치
Hotel Metropolitan Marunouchi

신마루노우치 빌딩
新丸ビル

상그릴라 호텔 도쿄
シャングリラ ホテル 東京

니혼바시역
日本橋駅

마루노우치 빌딩
丸の内ビル

고쿄
皇居

니주바시마에역
二重橋前駅

마루노우치 나카도리
丸の内仲通り

키테
KITTE

도쿄역
東京駅

도쿄 스테이션 갤러리
東京ステーションギャラリー

신마루쿠 카페
サンマルクカフェ

마루노우치 브릭스퀘어
丸の内ブリックスクエア

도쿄 라멘 스트리트
東京ラーメンストリート

미쓰비시 1호관 미술관
三菱一号館美術館

도쿄 캐릭터 스트리트
東京キャラクターストリート

카페 1894
Cafe 1894

도쿄 국제 포럼
東京国際フォーラム

교바시역
京橋駅

도쿄 에도그랜드
京橋エドグラン

히비야 공원
日比谷公園

히비야역
日比谷駅

유라쿠초역
有楽町駅

아파 호텔 긴자 교바시
アパホテル 銀座 京橋

다카라초역
宝町駅

긴자잇초메역
銀座一丁目駅

Best Course

마루노우치 추천 코스

고쿄
⬇
도보 8분
도쿄 국제 포럼
⬇
도보 3분
마루노우치 브릭스퀘어

⬇
바로
미쓰비시 1호관 미술관
⬇
도보 10분
키테
⬇
도보 2분
도쿄역

도쿄에서 핫 플레이스로 뜨고 있는 곳

도쿄역 東京駅 [도쿄에키]

주소 東京都千代田区丸の内 1-9-1 위치 JR 신칸센·도카이도선·야마노테선·주오선·게이힌도호쿠선·소부선·게이요선, 도쿄메트로 마루노우치선 도쿄역 전화 050-2016-1600

도쿄역은 1914년에 탄생했다. 마루노우치 역사의 소재지인 마루노우치는 지금은 도쿄를 대표하는 오피스 거리지만 당시에는 텅빈 들판에 불과했다. 그런데 황궁의 정면에 위치해 있었기 때문에 이 장소가 새로운 도쿄역의 입지로 선택됐고, 황궁에서부터 역까지 직선 대로가 쭉 뻗어 있다. 도쿄역은 교통 시설로서만이 아니라, 국가의 중요한 건축물로서 상징적인 위치를 차지하고 있다. 도쿄역은 일본 철도망의 기점이 될 뿐만 아니라, 일본의 근대화를 상징하는 수도 도쿄의 심벌이라고 할 수 있다. 도쿄역 마루노우치 역사의 설계는 일본 은행 본점 등을 설계한 당시 일본 건축계의 거장 다쓰노 긴고가 담당했다. 옆으로 나란히 복수의 건물을 연속해서 전개하는 방식의 유럽 르네상스식 디자인을 채택해서. 북부 돔, 남부 돔, 중앙부, 이렇게 3개의 거대한 돔으로 이루어진 철골 벽돌 구조의 웅장한 르네상스식 3층 건물이다. 2012년 10월 1일, 붕괴된 3층 부분과 돔 부분을 당시와 똑같은 사양의 벽돌과 부조를 사용해 복원, 창건 당시와 같은 모습으로 그랜드 오픈했다. 외관은 유럽풍이지만, 부조는 간지干支 등의 동양풍 양식을 채택했다. 역 구내와 주변 그리고 지하상가는 이벤트 스페이스와 쇼핑 구역, 카페, 레스토랑 등이 펼쳐지는 거대한 상업 지역으로 조성돼 있다.

Tip. 도쿄역의 돔

도쿄역의 최대 볼거리로서, 남북 돔은 마루노우치 북쪽, 남쪽 개찰구로 나오면 보인다. 돔 내부의 장식을 자세히 보면 8마리의 동물을 볼 수 있다(개, 원숭이, 양, 소, 돼지, 호랑이, 용, 뱀).

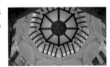

Tip. 도쿄역의 상업 시설

먼저 야에스 지하 중앙 개찰구를 나오면 보이는 것이 '도쿄역 일번가'다. '도쿄 라멘 스트리트'를 비롯해 인기 있는 캐릭터 숍이 모여 있는 '도쿄 캐릭터 스트리트' 외에도 패션, 잡화, 음식점 등 다양한 가게가 있다. 도쿄역 일번가를 통과해 오랜 역사의 '야에스 지하가'로 나오면, 여행 선물부터 일용품까지 무엇이든 찾을 수 있는 지하가이기도 하다. 그리고 북쪽 출구 방면으로 가면 '그랜드 도쿄 노스 타워'에 백화점 다이마루 도쿄점이 이전됐다. 쇼핑 후 식사는 검은 울타리로 둘러싸인 시크한 공간 '구로베 요코초'에서 즐길 수 있다. 유명 셰프가 정성껏 만든 전문 요리점이 모여 있는 '키친 스트리트' 및 런치, 퇴근길에 가볍게 술 한잔 즐기거나 많은 인원이 참가하는 술 모임에도 이용할 수 있는 '기타마치 호로요이도리' 등 레스토랑이 다양하다.

도쿄 스테이션 갤러리 東京ステーションギャラリー

마루노우치 북쪽 개찰구 앞에 있는 도쿄 스테이션 갤러리는 1988년에 개장했으며 2012년 도쿄역 복원 공사를 거쳐 재개장했다. 총 2층의 전시실은 현대적인 분위기의 3층과 역사를 느낄 수 있는 2층으로 구성되어 있다. 도쿄역 개업 당시의 벽돌을 그대로 살린 2층 전시실이 가장 큰 특징이며, 100년 이상의 역사를 지닌 이 벽돌 벽을 한눈에 볼 수 있는 곳은 역 안에서도 이곳뿐이다. 작은 규모임에도 다양한 기획전을 개최하며, 역을 오가는 사람들을 볼 수 있는 2층 회랑 부분도 있다.

주소 東京都千代田区丸の内 1-9-1 위치 JR 도쿄역 마루노우치 북쪽 출구 옆 시간 10:00~18:00(금 10:00~20:00) 휴무 월요일, 연말연시, 전시 교체기 홈페이지 www.ejrcf.or.jp/gallery/index.asp 전화 03-3212-2485

도쿄 라멘 스트리트 東京ラーメンストリート

도쿄 라멘 스트리트는 2009년 '도쿄에서 제일 먼저 가 보고 싶은 가게'를 콘셉트로 개업했다. 오픈 이후 매장을 교체하면서 현재는 8개 점포가 입점해 있다. 도쿄역과 바로 연결되어 있어 접근성이 좋아 도쿄역 부근의 직장인과 국내외 관광객이 몰려들어 항상 줄을 서야 한다. 2009년 개업 때부터 자리를 지켜 온 '시오라멘 히루가오塩らーめん専門 ひるがお', 미쉐린에 등재된 '소라노이로 니폰ソラノイロ・NIPPON', 일본에서 상당한 유명세의 츠케멘 가게 '로쿠린샤六厘舍' 등이 있다.

주소 東京都千代田区丸の内 1-9-1 東京駅一番街 B1 위치 도쿄역 야에스 지하 중앙 입구에서 바로 시간 점포마다 다름 홈페이지 www.tokyoeki-1bangai.co.jp/ko/?area=area3&floor=b1f 전화 03-3210-0077

도쿄 캐릭터 스트리트 東京キャラクターストリート

도쿄역 야에스 북쪽 출구 지하 1층에 있는 도쿄 캐릭터 스트리트에는 어른부터 아이들이 좋아하는 포켓몬, 리락쿠마, 헬로키티, 울트라맨, 크레용 신짱 같은 일본의 인기 캐릭터의 상품 스토어 약 30개의 점포가 모여 있다. 도쿄 캐릭터 스트리트와 라멘스트리트는 야에스 출구 지하 1층의 각각 반대편 끝쪽에 위치하고 있다.

주소 東京都千代田区丸の内 1-9-1 東京駅一番街B1 위치 도쿄역 야에스 지하 중앙 입구에서 바로 시간 10:00~20:30 홈페이지 www.tokyoeki-1bangai.co.jp/tokyocharacterstreet 전화 03-3210-0077

독특한 분위기와 테마로 뜨고 있는 쇼핑몰
키테 KITTE

주소 東京都千代田区丸の内 2-7-2 위치 ❶ JR 도쿄역 마루노우치 남쪽 출구에서 도보 1분 ❷ 마루노우치선 도쿄역에서 지하도로 직결 시간 매장 11:00~21:00(일·공휴일 11:00~20:00) / 레스토랑·카페 11:00~23:00(일·공휴일 11:00~22:00) / 키테 그랑세 10:00~21:00(일·공휴일 10:00~20:00) 휴무 1월 1일 홈페이지 jptower-kitte.jp/kr 전화 03-3216-2811

JR 도쿄역의 마루노우치 남쪽 출구 앞에 2013년 3월 21일에 문을 연 키테는 일본 우편JAPAN POST이 처음으로 선보이는 상업 시설이다. 'KITTE'라는 명명은 '우표'와 '오세요'라는 2가지 의미를 지닌 일본어에서 유래됐다. 구 도쿄중앙우체국 건물을 일부 보존·재생한 부분과 신축 부분으로 구성된 JP 타워 지하 1층에서 지상 6층까지의 7개 층이 키테 매장으로 일본 전통 음식 및 각 지방의 인기 음식, 이곳에서만 구매할 수 있는 오리지널 상품 등이 있는 식품 판매점, 상품점 그리고 음식점 등 총 약 100개 점포가 입주해 있다. 각 층마다 테마도 '전국 고장 명품' 플로어, '일본의 미의식' 플로어, '과거와 새로운 감성의 융합' 플로어 등 개성적인 내용을 담아, 독특한 분위기의 쇼핑 명소로서 크게 주목받고 있다. 겨울 시즌에 내부 광장에서 개최되는 일루미네이션이 아름답기로 유명하며 키테의 옥상 정원은 도쿄역을 볼 수 있는 최적의 촬영 스폿으로 꼭 들러 봐야 한다.

> **Tip. 키테 일루미네이션**
> 키테에서 크리스마스 시즌이 되면 도쿄에서 가장 큰 전나무 크리스마스 트리가 세워진다. 진짜 전나무를 사용한 이 크리스마스 트리의 높이는 약 14.5m이다. 마치 눈이 쌓인 것처럼 하얗게 장식된 크리스마스 트리는 30분 간격으로 음악에 맞춰 라이트업 된다.

· 키테 ·

INSIDE

옥상 정원 키테 가든 屋上庭園 KITTEガーデン

6층의 옥상 정원은 약 1,500m²의 공간을 가지는 휴식의 장소
이자 2012년에 복원된 JR 도쿄역 마루노우치 역사를 한눈에
볼 수 있는 장소이다.

시간 11:00~23:00(일요일과 공휴일은 22:00까지 무료 입장)

감성적인 매장과 유명 레스토랑이 모인 복합 시설
마루노우치 브릭스퀘어 丸の内ブリックスクエア

주소 東京都千代田区丸の内 2-6-1 위치 ❶ JR 도쿄역 마루노우치 남쪽 출구에서 도보 5분 ❷ JR 유라
쿠초역 국제 포럼 출구에서 도보 5분 시간 레스토랑 11:00~23:00 / 매장 11:00~21:00(일·공휴일 20:00
까지) 요금 일반·고등학생·대학생 3,200엔, 중학생 이하 1,000엔 휴무 법정 점검일 홈페이지 www.
marunouchi.com

대형 건물 위주의 마루노우치 거리에서 '마루노우치 컴포트(치유, 위안)' 콘셉트로 건축된 복합 시설
이다. 감성적인 매장과 유명 레스토랑 등이 입점 중이며, 바로 옆에 마루노우치 최초의 오피스 빌딩
'미쓰비시 1호관'을 복원한 '미쓰비시 1호관 미술관'과 도심 속 자연과 만날 수 있는 '1호관 광장'이 있
어, 많은 사람들이 찾는 곳이다. 한국인들에게 인기가 높은 '에쉬레Echire'가 이곳에 자리 잡고 있는
데, 버터로 만든 빵과 디저트로 판매하고 있다. 1층에는 '라 부티크 드 조엘 로부숑La Boutique de Joel
Robuchon'에서 브런치를 즐길 수도 있으며, 지하에는 역시 인기가 높은 '만텐스시まんてん鮨' 오마카세
디너가 있다.

붉은 벽돌 건물의 근대 미술 전시관
미쓰비시 1호관 미술관 三菱一号館美術館 [미쓰비시 이치고칸 비쥬칸]

주소 東京都千代田区丸の内 2-6-2 위치 ❶ JR 도쿄역 마루노우치 남쪽 출구에서 도보 5분 ❷ JR 야마노테선 유라쿠초역 국제포럼 출구 쪽에서 도보 5분 ❸ 치요다선 니주바시마에역 1번 출구에서 도보 3분 ❹ 도에이 미타선 히비야역 B7 출구에서 도보 4분 시간 10:00~18:00(공휴일을 제외한 금요일은 20:00까지) 휴무 월요일 홈페이지 mimt.jp 전화 03-5777-8600

2010년 봄에 개관했다. 19세기 후반부터 20세기 전반의 근대 미술을 주제로 하는 기획전을 연 3회 개최한다. 붉은 벽돌 건물은 미쓰비시가 1894년에 건립한 미쓰비시 1호관(조시아 콘도르 설계)을 복원한 것이다. 미술관 내부에는 고풍스런 인테리어가 돋보이는 카페 '1894'가 있으며, 영국식 정원이 자리 잡고 있어, 바로 옆의 브릭스퀘어와 함께 묶어 돌아볼 만하다.

· 미쓰비시 1호관 미술관 ·
INSIDE

카페 1894 Cafe 1894

미쓰비시 1호관이 완공된 후, 이곳은 은행 창구로 사용되었는데 다시 재건하면서 이 공간은 카페로서 활용하고 있다. 카페 내부는 건축 초기의 모습을 간직하고 있기 때문에 고풍스런 느낌이다.

주소 東京都千代田区丸の内 2-6-2 三菱一号館美術館 1 F 시간 11:00~22:00 휴무 부정기 전화 03-3212-7156

설치 미술 작품이 즐비한 쇼핑 거리

마루노우치 나카도리 丸の内仲通り

주소 丸の内 1~3丁目, 有楽町 1丁目　위치 도쿄역 마루노우치 출구에서 도보 1분

마루노우치 나카도리는 공식적으로는 하루미도리晴海通り에서 에이타이 도오리永代通り까지 남북으로 관통하는 1.2km의 거리를 말한다. 오테마치大手町와 유라쿠초有楽町까지 이어지는 쇼핑 거리로 유명하다. 마루노우치를 처음 개발한 미쓰비시였기에 미쓰비시 상사三菱商事 빌딩, 미쓰비시 UFJ신탁은행 본점과 같은 미쓰비시 그룹 계열사의 빌딩이 있어 미쓰비시 마을이라고도 부른다. 마루노우치 나카도리는 평일의 11시부터 15시, 토·일·공휴일은 11시부터 17시까지 '어반 테라스'로서 보행자 전용 공간이 된다. 또한 마루노우치 나카도리를 걷다 보면 쿠사마 야요이와 같은 일본의 유명 설치 미술가들의 작품이 전시되어 있다.

Tip. 마루노우치 나카도리 일루미네이션
마루노우치 나카도리에는 아름다운 가로수가 있어 11월부터 2월은 일루미네이션이 열린다. 약 1.2km의 거리에 심어진 가로수 약 240그루가 약 106만 개의 LED에 의해 빛난다.

일왕과 그 가족이 살고 있는 궁전
고쿄 皇居

주소 東京都千代田区千代田 1-1 위치 도쿄 메트로 치요다선 니주바시마에역 B6 출구에서 도보 2분

마루노우치의 금융가에서 도보 10분 거리에
있는 고쿄는 총 면적 115만m²로 에도 성터에
지어져 1869년부터 일왕가의 거주지가 되었
다. 고쿄 안에 있었던 메이지 궁전은 제2차 세
계 대전 중에 소실되었고 1968년에 새로운 궁
전이 건설되었다. 가이엔外苑 정원은 인기 있는
조깅 루트이며, 히가시교엔東御苑 정원은 일반
인에게 상시 공개되고 있다. 일본 역사에 관심
이 있다면 한번 가 봐야 할 곳이고, 그렇지 않더

라도 봄(벚꽃)과 가을(단풍) 풍경이 아름다운 곳이기에 고쿄 가이엔皇居外苑, 고쿄 히가시교엔 皇居東御
苑, 기타노마루 공원 北の丸公園 순으로 이동하며 돌아보기를 추천한다. 다만 장시간을 걸어야 하고, 많
은 시간이 필요하기에 짧은 일정이라면 사쿠라다문에서 고쿄 가이엔까지만 여행하자.
고쿄의 가장 효율적인 여행법은 '일반 참관 코스'를 걷고 난 후, 고쿄 히가시교엔으로 가는 것이다. 궁
내청의 홈페이지에 '참관 신청' 페이지가 있으므로 사전에 신청한다. 참관 코스는 구 수미쓰인(추밀
원) 청사에서 시작하여, 후지미야구라 망루, 하스이케보리 수로, 후지미타몬 무기고, 궁내청 청사, 규
덴토테이 광장, 규덴(궁전), 니주바시 다리, 후시미야구라 망루, 야마시타도리 거리로 이어진다. 소요
시간은 약 1시간 15분이다.

도쿄역을 바라볼 수 있는 테라스
신마루노우치 빌딩 新丸ビル

주소 東京都千代田区丸の内1-5-1 위치 ❶ 도쿄역 마루노우치 출
구에서 도보 1분 ❷ 도쿄 메트로 마루노우치선 도쿄역과 연결 시간
매장 월·토 11:00~21:00, 일·공휴일 11:00~20:00 / 레스토랑
월~토 11:00~23:00, 일·공휴일 11:00~22:00 휴무 연중무휴 홈
페이지 www.marunouchi.com/building/shinmaru

도쿄역 마루노우치 출구로 나가면 정면에 커다란 빌딩 2개가
보이는데 오른쪽 건물이 도쿄역과 직결되어 있는 신마루노우
치 빌딩이다. 오피스층과 상가 층으로 구분되는데 상가 층에는
약 150개의 매장이 입점해 있다. 키테의 옥상 정원과 함께 도
쿄역을 바라볼 수 있는 명소로 7층 테라스가 있는데 2022년
가을부터 2023년 봄까지, 7층 식당가 '마루노우치 하우스'의
전면 리뉴얼 공사를 진행하고 있다.

도쿄역의 뷰 명소
마루노우치 빌딩 丸の内ビル

주소 東京都千代田区丸の内 2-4-1 위치 도쿄역 마루노우치 출구에서 도보 1분 시간 상점 11:00~
21:00(일·공휴일 11:00~20:00) / 레스토랑 11:00~23:00(일·공휴일 11:00~22:00) 홈페이지 www.
marunouchi.com/building/marubiru 전화 03-5218-5100

신마루노우치 빌딩과 함께 도쿄역에 바로 연결되어 있는 마루노우
치 빌딩은 1923년 미쓰비시 그룹에 의해 개발되었고, 관동 대지진
과 도쿄 공습을 견뎌 낸 건물로 유명하다. 현재의 건물은 2002년
에 재건축되었는데 패션, 잡화, 인테리어, 레스토랑 등 140여 개
의 숍이 입점해 있으며 400명이 수용 가능한 다목적 홀도 있다. 도
쿄역의 뷰 명소로도 인기가 있으며, 밤에는 붉은 벽돌로 지어진 도
쿄역에 조명이 켜진 것을 바라보며 식사를 즐길 수 있다.
마루노우치 빌딩은 재건축한 지도 20년이 지나 노후화되어,
2022년 가을부터 2023년 봄에 걸쳐 대규모의 리뉴얼 공사를
진행 중이다. 3층 라운지에 쓰타야 서점TSUTAYA BOOKSTORE
MARUNOUCHI 등이 새로 입점하였고 지하 1층의 푸드 존 '멀티카'
는 2023년 봄에 전면 개장해 오픈한다.

유리 아트리움 홀이 유명한 컨벤션 센터
도쿄 국제 포럼 東京国際フォーラム [도쿄고쿠사이포-라무]

주소 東京都千代田区丸の内 3-5-1 위치 ❶ JR 야마노테선 유라쿠초역에서 도보 1분 ❷ JR 도쿄역에서 도
보 5분 시간 09:00~17:00 홈페이지 www.t-i-forum.co.jp 전화 03-5221-9000

도쿄 국제 포럼은 크고 작은 8개의 홀, 30개 이상의 회의실, 유리동,
지상 광장, 상점, 레스토랑, 미술관 등으로 구성되어 있다. 미국 출신
의 건축가 라피엘 비놀리가 설계한 건물은 지하 1층에 약 60m 위
까지 천장이 뚫린 타원형 유리동이 매우 아름다워 건축물로서 높은 평
가를 받고 있다. 4개의 홀과 유리동 사이에는 아름다운 자연에 둘러
싸인 지상 광장이 있다. 건축물 견학을 위해 찾는 이가 많으며, 공연
이나 뮤지컬, 콘서트도 자주 열린다. 미쓰비시 미술관 근처에 있으
며, 마루노우치에서 긴자 방면으로 갈 때 들르면 좋다.

> **Tip.** 하토버스 투어
> 2층 오픈 버스로 도쿄의 관광명소를 둘러보는 투어로서 처음 도쿄를
> 여행하거나, 짧은 시간에 도쿄 중심부를 돌아보고자 한다면 이용할
> 만하다.
>
> 홈페이지 www.hatobus.com/v01/#INFO

오다이바

お台場

Odaiba

최첨단 인공 섬

오다이바는 시원한 도쿄만을 배경으로 볼거리, 먹거리, 즐길 거리 등 쇼핑의 모든 요소를 갖춘 인공 섬이다. 도쿄를 찾는 여행자들은 물론 도쿄의 젊은이들에게 각광받는 데이트 코스다. 1853 년 페리 제독의 미국 함대가 일본에 문호 개방을 요구하자 이에 위협을 느낀 막부는 에도 주변을 방어하기 위해 서양식 해상 포대인 다이바를 건설했다. 하지만 이 다이바들은 결국 사용되지 못하고 개국을 맞이했는데 그 뒤 1979년 도쿄항의 해저 굴삭 후 나온 흙으로 이곳을 매립해 오다이바라는 이름으로 불리게 된 것이다. 단순 매립지에 불과했던 오다이바에 레인보우 브리지와 2002년 린카이선이 개통된 뒤, 유람선 크루즈, 쇼핑, 해변 물놀이 등을 즐길 수 있는 엔터테인먼트의 중심지가 되었다.

레인보우 브리지
レインボーブリッジ

마이 바스켓
My Basket

미나토 구립 고요 중학교
港区立港陽中学校

미나토 구립 초등학교
港区立港陽小学校

아리아케 스포츠 센터 풀
有明スポーツセンタープール

다이바 공원
台場公園

로손
Lawson

패밀리마트
FamilyMart

가레스
ガレス

오다이바 해변 공원
お台場海浜公園

오다이바카이힌코엔역
お台場海浜公園

도쿄 크루즈
TOKYO CRUISE

오다이바카이힌코엔마에 파출소
お台場海浜公園駅前交番

덱스 도쿄 비치
デックス東京ビーチ

아쿠아 시티
アクアシティ

자유의 여신상
自由の女神像

후지 TV
フジテレビ本社

도쿄텔레포트역
東京テレポート駅

린카이선 りんかい線

힐튼 도쿄 오다이바
Hilton Tokyo Odaiba

다이바역
台場

그랜드 닛코 도쿄 다이바
Grand Nikko Tokyo Daiba

다이바 시티 도쿄 플라자
ダイバーシティ東京 プラザ

아오미역
青海駅

유리카모메선 ゆりかもめ線

후네노카가쿠칸역
船の科学館駅

유리카모메선 ゆりかもめ線

일본 과학 미래관
日本科学未来館

도쿄 완간 경찰서
東京湾岸警察署

다키노 광장
滝の広場

텔레콤센터역
テレコムセンター駅

오다이바

더 소호
The Soho

합동 청사
合同庁舎

교통편 (JR선) 신바시역에서 유리카모메로 환승, (린카이선) 도쿄텔레포트역, (수상 버스 히미코) 오다이바 카이힌코엔 선착장

여행법 • 유리카모메 1일권(820엔)은 최소 3번을 타야 본전을 뽑기 때문에 오다이바와 도요스 시장까지 여행 일정에 포함했다면 1일권을 구입하는 것이 이득이다.

• 일반적으로 유리카모메를 타기 위해서는 신바시역에서 환승하지만 시간을 절약하려면 린카이선을 이용하는 것이 좋다. 린카이선을 이용하면 오다이바에서 신주쿠, 시부야, 이케부쿠로, 에비스로 환승 없이 바로 이동할 수 있다.

• 색다른 여행을 하고자 한다면, 아사쿠사에서 오다이바로 가는 수상 크루즈를 이용해 보는 것도 추천한다.

Best Course

오다이바 추천 코스

도쿄텔레포트역 B 출구
🔻
도보 3분

다이바 시티 도쿄 플라자
🔻
도보 7분

후지 TV

🔻
도보 10분

아쿠아 시티
🔻
도보 2분

덱스 도쿄 비치

🔻
도보 2분

오다이바 해변 공원
🔻
도보 3분

오다이바 카이힌코엔역

 오다이바의 야경을 빛내는 랜드마크
레인보우 브리지 レインボーブリッジ [레인보-브릿지]

1987년에 착공해 1993년 8월에 완공된 레인보우 브리지는 미나토 구 시바우라와 오다이바를 연결하는 다리로서, 오다이바의 야경을 아름답게 완성하는 랜드마크다. 다리 이름은 일반 공모에 의해 정해진 것으로 정식 명칭은 도쿄항 연락 교량이다. 상하 2층 구조로 된 이 다리의 높이는 127m이고 길이는 570m다. 상층은 고속도로로 이용되고 하층은 유리카모멘선이 통과한다. 도보로도 이 다리를 건널 수 있는데, 통행 가능 시간은 4~10월에는 9시에서 21시까지, 11~3월에는 10시에서 18시까지다. 최종 입장은 통행 가능 시간 30분 전까지다. 매월 셋째 주 월요일과 강풍이 부는 날은 통행이 불가하다.

도심 속에 조성된 쉼터

오다이바 해변 공원 お台場海浜公園 [오다이바카이힌코엔]

주소 東京都港区台場 1 위치 유리카모메선 오다이바카이힌코엔역에서 도보 3분 휴무 연중무휴 홈페이지 www.tptc.co.jp/park/tabid 전화 03-3599-9051

덱스 도쿄 비치, 아쿠아 시티 바로 앞에 있는 해변 공원으로 옛 방파제와 제3 다이바(옛 포대)에 둘러싸인 뒷부분을 활용해 조성되었다. 인공 해변과 마린 하우스, 전망 데크 등이 있으며 도심에 가까운 쉼터로 사랑받는 곳이다. 이 해변은 레인보우 브릿지를 비롯해 아름다운 야경을 볼 수 있는 명소로도 인기가 있다.

· 오다이바 해변 공원 ·

INSIDE

자유의 여신상 自由の女神像 [지유-노 메가미죠]

일본에서 개최된 프랑스의 해를 기념해 1998년 4월부터 약 1년간 오다이바 해변 공원에 설치됐던 프랑스 파리의 자유의 여신상 형태를 따서 만들어진 복제상으로 2000년 12월에 제막되었다. 전체 높이 12.25m의 여신상은 '오다이바의 여신'이라고 불리며 가장 많은 관광객들이 모이는 곳이다.

다양한 맛집이 즐비한 곳

덱스 도쿄 비치 | DECKS Tokyo Beach, デックス東京ビーチ [덱쿠스 토오쿄오비이치]

주소 東京都港区台場 1-6-1 위치 ❶ 유리카모메선 오다이바카이힌코엔역에서 도보 2분 ❷ 린카이선 도쿄텔레포트역에서 도보 5분 시간 계절·가게마다 다름 휴무 부정기(연 1회) 홈페이지 www.odaiba-decks.com 전화 03-3599-6500

배의 갑판을 본뜬 목조 오픈 테라스를 시작으로 쇼핑몰 곳곳에 뱃놀이를 연상시키는 데코레이션이 있다. 3층 시사이드 데크에서는 도쿄만의 일몰과 야경을 볼 수 있는데 하이라이트는 일본 유일의 연중 일루미네이션 디스플레이인 '오다이바 일루미네이션 야케이Odaiba Illumination YAKEI'이다. 내부에 있는 약 90개의 전문점에서 고급 디자인 제품부터 실속 제품까지 다양하게 구입할 수 있다. 어트랙션도 충실해서 밀랍 인형관 '마담 투소 도쿄', 레고랜드 디스커버리 센터 도쿄, 도쿄 트릭아트 미궁관, 그리고 실내형 유원지 '도쿄 조이 플러스', 오다이바 타코야키 박물관, 1960년대의 도쿄의 모습을 보여 주는 '다이바 1초메 상점가' 등이 있다.

대형 복합 쇼핑몰

아쿠아 시티 | アクアシティ

주소 東京都港区台場 1-7-11 위치 ❶ 유리카모메선 오다이바역에서 도보 1분 ❷ 린카이선 도쿄텔레포트역에서 도보 6분 시간 매장 11:00~21:00 / 레스토랑 11:00~23:00 휴무 부정기 전화 03-3599-4700 홈페이지 www.aquacity.jp

아쿠아 시티 오다이바는 입점한 점포만 120개가 넘으며 레스토랑, 바다를 테마로 한 놀이 기구, 영화관 등을 갖춘 거대한 엔터테인먼트 시설이다. 7층 옥상에는 오다이바의 유일한 신사인 아쿠아 시티 오다이바 신사가 있다. 5층에는 6곳의 유명 라멘 가게들이 모인 도쿄 라멘 국기관이 있다.

대형 건담 모형으로 유명한 곳

다이바 시티 도쿄 플라자 ダイバーシティ東京 プラザ [다이바아시티 토쿄 푸라자]

주소 東京都江東区青海 1-1-10 위치 린카이선 도쿄텔레포트역 B 출구에서 도보 3분 시간 10:00~21:00(푸드 코트 11:00~22:00, 레스토랑 11:00~23:00) 휴무 점포마다 다름 홈페이지 mitsui-shopping-park.com.k.act. hp.transer.com/divercity-tokyo 전화 0570-012-780

실물 크기의 건담 (현재는 '실물 크기 유니콘 건담'이 등장)을 볼 수 있는 극장형 도시 공간을 컨셉으로 한 대형 복합 시설이다. 1층에서 8층까지 인기 높은 셀렉트 숍이나 캐주얼 브랜드, 개성적이면서 독창적인 브랜드 등이 모여 있다. 오다이바에서 가장 최대급(약 700석)의 푸드 코트 '도쿄 음식 스타디움'이나 극장형 레스토 랑을 콘셉트로 하여 한눈에 보고 즐길 수 있는 현장감 넘치는 레스토랑 존 등이 있다. 아이들과 함께 갈 수 있는 도라에몽 미래 디파토 매장도 있다.

일본 대표 방송국의 본사

후지 TV フジテレビ [후지테레비]

주소 東京都港区台場 2-4-8 위치 유리카모메 다이바역 남쪽 출구에서 도보 3분 시간 하치타마 10:00~17:00(입 장마감 16:30) 휴무 월요일(하치타마) 요금 일반 700엔, 초·중학생 450엔(하치타마) 홈페이지 www.fujitv.co.jp/ index.html 전화 03-5531-1111

일본을 대표하는 후지 TV의 본사 빌딩이 다. 25층에 있는 구체 전망실 하치타마はちたま는 오다이바의 랜드마크이다. 오다이바와 도쿄만을 100m 270도 파노라마 뷰로 볼 수 있다. 내부에는 드래곤볼 Z와 원피스 등 유명 애니메이션의 캐릭터 디스플레이가 설치되어 있다. 7층의 후지 TV 숍 '후지산'과 1층의 후지 TV 몰에 있는 점포에서는 애니메이션과 드라마 관련 상품을 구입할 수 있다.

재미있게 과학을 체험할 수 있는 곳

일본 과학 미래관 日本科学未来館 [니혼 카가쿠미라이칸]

주소 東京都江東区青海 2-3-6 위치 유리카모메선 텔레콤센터역에서 도보 4분 시간 10:00~17:00(입장 마감 16:30) 휴무 화요일, 연말연시 요금 어른 630엔, 18세 이하 210엔(기획전은 별도) 홈페이지 www.miraikan.jst. go.jp. 전화 03-3570-9151

체험형 전시와 과학 커뮤니케이터와의 교류를 통해 첨단 과학 기술의 세계를 안내하는 신개념 과학관이다. 지구 환경, 로봇, 생명과학, 우주 등 일선 연구자가 감수한 전시를 '보는 것'뿐만 아니라 '체험'이나 '대화'함으로써 과학의 재미를 느낄 수 있다. 3D 초고화질 영상을 사용한 플라네타리움 프로그램 기획전도 주목할 만한 포인트다. 특히 이 과학 미래관에서는 일본의 자동차 회사인 '혼다'가 개발 및 제조한 로봇 '아시모 ASIMO'가 댄스하는 모습을 볼 수 있다.

배를 타고 오다이바로!

도쿄 크루즈 TOKYO CRUISE

위치 ❶ 아사쿠사 출발: 도쿄 메트로 긴자선, 도에이 아사쿠사선 아사쿠사역에서 도보 5분, 아사쿠사(니텐몬) 선착장 ❷ 오다이바 출발: 오다이바 해변 공원 요금 아사쿠사(니텐몬)~오다이바 해변 공원 1,720엔 소요 시간 아사쿠사(니텐몬)~오다이바약 60분 휴무 월요일(공휴일인 경우는 다음 날 화요일) 홈페이지 www.suijobus.co.jp/en

도쿄를 여행할 때 색다른 즐거움을 주는 것이 도쿄 크루즈이다. 여전히 많은 배가 오가는 스미다강의 항로를 이용해 아사쿠사와 스미다강 하구의 히노데 부두, 도요스, 오다이바 해변 뒤편 등을 운행하고 있다. 현재 도쿄 크루즈는 아사쿠사와 히노데를 연결하는 스미다가와 라인, 아사쿠사에서 오다이바를 연결하는 호타루나 라인, 아사쿠사~오다이바~도요스를 연결하는 히미코 라인, 오다이바 해변 공원과 아사쿠사를 연결하는 에메랄다스 라인이 있다. 모두 다 예약 없이 승선할 수 있고, 편수도 많아 아사쿠사~오다이바 일대를 관광할 때 추천하는 교통수단이다. 배를 타고 가면서 도쿄의 상징과 같이 여겨지는 도쿄 스카이트리, 레인보우 브리지 등을 볼 수 있어 육상에서와는 또 다른 느낌으로 도쿄를 만끽할 수 있다.

아사쿠사

浅草

Asakusa

도쿄 시타마치의 중심

도쿄도 다이토구 스미다강 서안에 있는 아사쿠사는 에도 시대부터 제2차 세계 대전 전까지 도쿄에서 유일한 번화가였다. 하지만 관동 대지진과 제2차 세계 대전의 폭격으로 인해 궤멸에 가까운 피해를 입었다. 그때마다 복구를 해 왔지만 일본의 고도 성장기 이후 JR 야마노테선 주변 지역인 신주쿠, 이케부쿠로, 시부야 등이 발전해 현재는 도쿄를 대표하는 번화가로서의 지위에서는 밀려나고 말았다. 그러나 에도 시대의 시타마치 풍경을 느낄 수 있어, 외국인 관광객들이 즐겨 찾는 곳 중 하나가 됐다. 센소지 및 나카미세, 다양한 노포 음식점, 시타마치 분위기가 나는 상점가 등 아사쿠사만이 갖고 있는 매력이 넘치고, 이제는 스미다 리버워크를 통해 도쿄 스카이트리까지 도보로 갈 수 있어 더욱 많은 여행자들을 불러 모으고 있다.

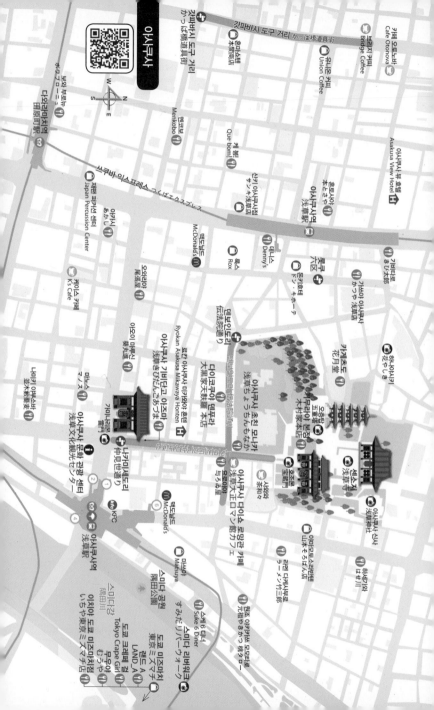

교통편
- (긴자선, 도에이 아사쿠사선, 도부 스카이트리선, 쓰쿠바 익스프레스선) 아사쿠사역
- (긴자선, 도에이 아사쿠사선) 아사쿠사역 1번 출구 도보 5분

여행법
- 도쿄의 서민거리 아사쿠사에서 스모의 거리 료고쿠까지 이어지는 스미다강 변에는 매력적인 명소가 많고 이른 봄에는 벚나무 가로수가 아름답고 화사한 벚꽃을 피운다. 벚꽃 시즌과 도쿄 최대의 불꽃놀이가 펼쳐지는 여름에 여행하면 더 많은 것을 볼 수 있다.

- 아사쿠사를 여행할 예정이라면 바로 옆에 위치한 우에노와 도쿄 스카이트리를 함께 묶어 일정을 짜거나 아사쿠사에서 수상선을 이용해 오다이바로 이동하는 것도 좋다.
- 아사쿠사에서는 1895년에 창업한 '이마한 본점'을 비롯하여 에도 시대, 메이지 시대부터 존재하는 노포를 몇몇 볼 수 있다. 이런 곳들을 다니는 식도락 여행도 추천할 만하다.

Best Course

아사쿠사 추천 코스

아사쿠사역
○
도보 1분
아사쿠사 문화 관광 센터
○
도보 1분
가미나리몬

○
도보 1분
나카미세도리

○
도보 1분
센소지

○
도보 7분
스미다 리버워크
도보 6분
도쿄 미즈마치
도보 9분
도쿄 스카이트리

도쿄에서 가장 큰 사찰

센소지 浅草寺

주소 東京都台東区浅草 2-3-1 위치 도에이 아카쿠사선 아사쿠사역 1번 출구에서 도보 7분 시간 06:00~17:00(10~3월 06:30~17:00) 휴무 연중무휴 요금 무료 전화 03-3842-0181 홈페이지 www.senso-ji.jp

센소지는 도쿄에서 가장 큰 사찰이며 아사쿠사에서 가장 인기 있는 곳이다. 연간 약 3,000만 명이 다녀가고 있는 센소지는 아사쿠사를 다르게 읽은 것이다. 628년 스미다강에서 어부 형제가 던져 놓은 그물에 걸린 관음상을 모시기 위해 사당을 지었고, 이후 승려 쇼카이가 645년에 절을 세운 것이 센소지의 유래로 전해지고 있다. 에도 시대 후반에는 사원 내에 상점가와 연극 무대가 설치돼 있기도 했다. 그러나 관동 대지진과 제2차 세계 대전 당시 대부분의 건물이 소실돼 현재의 건물들은 1960년 이후에 재건한 것이다.

일본에서 가장 오래된 상가 거리

나카미세도리 仲見世通り

주소 東京都台東区浅草 2-3-1 仲見世商店街内 위치 도에이 아카쿠사선 아사쿠사역 1번 출구에서 도보 1분 시간 가게마다 다름 휴무 가게마다 다름 홈페이지 www.asakusa-nakamise.jp 전화 03-3562-2111

나카미세도리는 일본에서 가장 역사가 오래된 상가다. 도쿠가와 이에야스가 에도 막부를 개설한 후 에도의 인구가 늘어났는데 그 효과로 센소지에 대한 참배가 한층 활기차게 되자 센소지 내 청소의 부역을 짊어졌던 사람들에게 경내나 참배 길에 노점이나 가게를 낼 특권이 주어진 것이 이 상가의 기원이다. 이후 메이지유신, 관동 대지진, 제2차 세계대전이 이어지면서 흥망성쇠를 계속하다가 1980년대에 이르러 오늘날의 모습을 갖추게 됐다. 전체 길이는 250m로 143개의 점포가 있다. 항상 수많은 관광객으로 가득 차 있으며 전통 기념품과 전통 과자 등을 주로 판매하고 있어 기념품을 선물하기에 좋다.

관광 안내 및 문화 체험 공간
아사쿠사 문화 관광 센터 浅草文化観光センター [아사쿠사 분카간코-센타]

주소 東京都 台東区雷門 2-18-9 위치 도에이 아카쿠사선 아사쿠사역 1번 출구에서 도보 2분 시간 09:00~20:00 휴무 연중무휴 전화 03-3842-5566

가미나리몬 건너편에 있는 관광 안내 시설로 여행 정보와 기타 서비스를 제공하고 있다. 독특한 외관의 8층 건물은 일본의 유명 건축가 구마 겐고가 디자인한 것이다. 1층에는 관광 안내소와 환전소가 있고 2층에는 무료 PC가 비치되어 있고 와이파이 사용이 가능하며 콘센트도 무료 이용할 수 있다. 8층에는 무료 전망대와 아담한 카페가 있어 센소지와 가미나리몬, 도쿄 스카이트리를 한꺼번에 내려다볼 수 있다. 이 3곳의 풍경을 동시에 볼 수 있는 것은 도쿄 내에서 이곳뿐이다.

에도 시대에 만들었던 그 수수경단
아사쿠사 기비단고 아즈마 浅草きびだんご あづま [아사쿠사키비단고 아즈마]

주소 東京都台東区浅草 1-18-1 위치 도에이 아사쿠사선 아사쿠사역에서 1번 출구 도보 1분 시간 09:00~19:00 휴무 연중무휴 전화 03-3843-0190

나카미세도리에서 유명한 곳으로 에도 시대에 나카미세에 판매됐던 수수경단을 만들어 팔고 있다. 수수가루와 찹쌀가루로 만든 경단에 콩가루를 묻혀 판매하는데 즉석에서 만들어 팔기 때문에 따뜻하고 고소한 맛이 일품이다. 아사쿠사에 여행 갔다면 한번쯤 맛보길 추천한다.

장인의 손맛이 느껴지는 수제 모나카
아사쿠사 초친 모나카 浅草ちょうちんもなか [아사쿠사초친모나카]

주소 東京都台東区浅草 2-3-1 仲見世商店街内 위치 도에이 아사쿠사선 아사쿠사역 1번 출구에서 도보 1분 시간 10:00~17:30 휴무 부정기 홈페이지 www.cyouchin-monaka.com 전화 03-3842-5060

장인이 직접 가미나리몬의 제등 모양의 모나카를 만들어 판매하고 있다. 수제로 만든 고소한 모나카에 일본풍의 아이스크림과 바닐라, 말차 등 총 여덟 가지의 모나카를 맛볼 수 있다.

 닌교야키 가게 중 가장 오래된 집
기무라야 본점 木村家本店 [키무라케혼텐]

주소 東京都台東区浅草 2-3-1 위치 도에이 아사쿠사선 아사쿠사역 6번 출구에서 도보 5분 시간 09:00~19:00 휴무 연중무휴 전화 03-3841-7055

아사쿠사의 많은 닌교야키人形燒 가게에서 가장 오래된 가게로, 1860년 창업한 이래로 그 맛을 지켜 오고 있다. 닌교야키는 아사쿠사의 상징인 오중탑, 번개, 제등의 형태로 만들어져 보는 재미도 있다. 밀가루로 만들어지는 빵과 고급 팥을 사용한 팥소의 절묘한 조화를 이루어 여행객들의 발길을 모으고 있다.

 일본 최대의 요리 도구 상점 거리
갓파바시 도구 거리 かっぱ橋道具街 [캇파하시도오구가이]

주소 東京都台東区松が谷 3-18-2 위치 ❶ 도에이 아사쿠사선 아사쿠사역에서 도보 15분 ❷ 긴자선 다와라마치역 1번 출구에서 바로 시간 9:00~17:00 휴무 가게마다 다름 홈페이지 www.kappabashi.or.jp 전화 03-3844-1225

아사쿠사의 서쪽 편에 있는 거리로 우에노와 아사쿠사의 중간 지점에 있다. 1912년경부터 상인들이 모여들어 고물을 비롯해 다양한 도구들이 판매되기 시작했다. 현재는 제과제빵 기계를 비롯해 일본 식기, 서양 식기, 중국 식기, 도기, 칠기, 음식점용 기구, 포장용품, 용기, 장식품, 샘플, 백의, 간판, 포렴, 죽제품, 제과 재료, 음식점 재료, 과자 도매, 일본 가구, 서양 가구, 주방 설비, 냉장고에 이르기까지 매우 다양한 점포가 들어서 있다. 800m에 이르는 거리에 170개 이상의 점포가 늘어서 있는 일본 최대의 요리 도구 전문상가다.

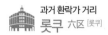

과거 환락가 거리
롯쿠 六区 [롯쿠]

주소 東京都台東区浅草 2-4-3 위치 쓰쿠바 익스프레스선 아사쿠사역에서 도보 3분 시간 가게마다 다름 휴무 가
게마다 다름 전화 03-3844-9114

아사쿠사 6구라고 불리는 환락가다. 1884년부터
롯쿠라 불렸다. 메이지유신 이후 오페라관, 일본 최
초의 영화관, 전망탑 등이 들어섰던 곳이다. 롯쿠는
1960년 일본의 고도 성장기 이전까지 도쿄의 주요
환락가였지만 신주쿠, 롯폰기, 시부야 등의 지역에
서 젊은이들의 문화가 꽃피고 텔레비전 시대가 열리
면서 쇠퇴하고 말았다. 오늘날의 롯쿠에는 라쿠고
극장, 파친코 등의 볼거리가 있다.

에도 시대를 느낄 수 있는 거리
덴보인도리 伝法院通り [덴보오인도오리]

주소 東京都台東区浅草 2-3-2 위치 쓰쿠바 익스프레스선 아사쿠사역에서 도보 2분 시간 가게마다 다름 휴무 가
게마다 다름 홈페이지 www.denbouin-dori.com 전화 03-3845-5291

센소지 호조몬 바로 앞, 좌우로 펼쳐진 거리다. 동서로 200m 정도 펼쳐진 덴보인도리는 에도 시대를 그대
로 재현해 놓은 듯한 느낌의 가게들이 늘어서 있고 일본 전통 공예품, 아마낫토 등 시타마치의 기념품과 장
인의 기술이 빛나는 공예품들이 가득하다. 포목점 위의 도둑, 다채로운 모양의 기와, 셔터에 그려진 에도 8
인 등 볼거리가 가득하다. 이 거리 중간에 아사쿠사 공회당이 있다.

강 건너 스카이트리로 이어지는 산책로
스미다 리버워크 すみだリバーウォーク

위치 도쿄 메트로 긴자선 아사쿠사역 5번 출구에서 도보 7분(다리 통과 소요 시간 5~10분) 시간 07:00~22:00 휴무 연중무휴

2020년 6월 스미다강을 넘는 토부 철도의 철교를 따라 아사쿠사와 스미다강의 전경을 만끽하며 스카이트리까지 이어지는 새로운 길이 생겨났다. 바로 스미다 리버워크이다. 철로 바로 밑으로 길게 이어진 통로를 따라 걷다 보면 어느새 스카이트리 앞에 닿게 된다. 해가 지는 때부터 전철 막차 시간까지 조명이 밝혀져 아사쿠사의 저녁 야경이 한층 아름다워진다. 위로는 바로 옆에서 지나가는 열차를 구경할 수 있고 발 아래로는 투명한 유리를 통해서 강 위를 오가는 페리를 볼 수 있다.

물의 도시라는 뜻의 상업 단지
도쿄 미즈마치 東京ミズマチ

주소 東京都墨田区向島 1 위치 도쿄 메트로 긴자선 아사쿠사역에서 도보 약 10분 소요, 스미다 리버워크에서 나와 횡단보도 건너편 스미다 공원 맞은편 홈페이지 www.tokyo-mizumachi.jp

아사쿠사역과 토부 스카이트리역을 잇는 토부 스카이트리 라인의 고가 철도 아래에 미즈마치가 탄생했다. '하늘 도시'라는 뜻의 소라마치와 함께, '물의 도시'라는 뜻의 미즈마치로 불리는 이곳은 앞으로 숙박형 호스텔, 레스토랑, 상점과 함께 스포츠 시설도 이용할 수 있는 상업 단지로 발전할 예정이다.

🍴 랜드 A LAND_A

치킨 바스켓, 크레이프, 그리고 10종류의 사이드 디시 등을 맛볼 수 있으며, 야외 테라스에서 BBQ도 즐길 수 있다. 가격을 천 엔부터 시작되어 부담이 없고, 브런치와 다이닝을 다 즐길 수 있다. 또한 델리 음식과 음료를 테이크아웃해 스미다 공원에서 피크닉을 즐기기에도 좋다.

주소 東京都墨田区向島 1-2-4 시간 09:00~20:00 휴무 부정기 홈페이지 land-a.jp 전화 03-5637-0107

🍴 도쿄 크레페 걸 Tokyo Crape Girl

가게 바깥쪽 카운터에 테이크아웃 크레페 코너를 마련해 두어 즉석으로 만들어져 나오는 맛 좋은 크레페(가격 430엔)를 즐길 수 있다.

주소 東京都墨田区向島 1-2-4 시간 09:00~20:00 휴무 부정기 홈페이지 land-a.jp 전화 03-5637-0107

🍴 무우야 むうや

도쿄 오모테산도의 가장 핫한 빵가게 '빵토에스프레소토'에서 유명한 상품 '무우(식빵)'를 특화한 전문점이다. 특이하게도 정사각형의 형태를 하고 있는 식빵 무우의 형태를 모티브로 한 인테리어도 예쁘며, 인기 상품을 비롯한 한정판 식빵과, 식빵을 이용한 다채로운 샌드위치까지도 맛볼 수 있다. 커피도 물론 함께 판매하므로, 이를 들고 스미다 공원에서 피크닉을 즐길 수도 있다.

주소 東京都墨田区向島 1-2-12 시간 09:00~18:00 휴무 부정기 홈페이지 bread-espresso.jp 전화 03-5637-0107

🍴 이치야 도쿄 미즈마치점 いちや東京ミズマチ店

미즈마치의 디저트 가게. 손으로 빚은 정성스러운 고급스러운 '와가시(화과자)'로 여름의 더위를 날려 보는 것도 좋은 선택이다. 진한 풍미의 아이스크림과 수제 찹쌀떡 '시로타마', 고급 팥까지 들어간 파르페가 인기 메뉴이다.

주소 東京都墨田区向島 1-2-7 시간 10:00~18:00 휴무 화요일 홈페이지 www.instagram.com/wagashi_ichiya 전화 03-6456-1839

벚꽃 축제 명소
스미다 공원 隅田公園 [스미다 코엔]

위치 도부 스카이트리 라인, 도에이 아사쿠사선, 도쿄 메트로 긴자선 아사쿠사역에서 도보 5분

스미다강을 따라 다이토구와 스미다구에 걸쳐 조성된 공원으로, 그 넓이는 양쪽 구를 합쳐 18만㎡에 이른다. 공원 안에는 다이토구에 약 600그루, 스미다구에 약 400그루 등 양쪽 구를 통틀어 약 1,000그루의 벚나무를 심어져 있어 일본의 벚꽃 명소 100선으로 선정되었다. 특히, 스미다가와강의 아즈마바시 다리에서 사쿠라바시 다리까지 약 1km에 걸친 양쪽 강변으로는 벚나무가 계속 이어지며, 인근에 세워진 도쿄 스카이트리와 잘 어우러져서 사진 명소로 유명하며 벚꽃 축제 기간 중에는 수많은 사람들이 찾는다. 여름에는 스미다강 변에서 일본 최대 규모의 불꽃놀이 대회가 열린다.

대대로 이어지는 덴푸라의 명가
다이코쿠야 덴푸라 大黒家天麩羅 本店 [다이코쿠야 덴푸라 혼텐]

주소 東京都台東区浅草 1-38-10 위치 도쿄 메트로 긴자선, 도에이 아사쿠사선 아사쿠사역 1번, A4 출구에서 도보 5분 시간 월~금·일 11:10~20:30, 토·공휴일 11:10~21:00 휴무 연중무휴 홈페이지 www.tempura.co.jp 전화 03-3844-1111

덴푸라는 새우, 오징어 등의 해산물이나 채소에 밀가루 옷을 입히고 기름으로 튀긴 일본 요리인데 덴푸라 요리 중에서도 아사쿠사의 명물 '에도마에 덴푸라江戸前天ぷら'는 도쿄 앞바다에서 잡은 해산물을 참기름으로 노릇노릇하게 튀겨 낸 것을 말한다. 이 에도마에 덴푸라의 맛집이 바로 다이코쿠야로서 1887년 창업 초기에는 소바 가게로 시작했지만 메이지 시대 이후에는 덴푸라 가게로 번창했다. 다이코쿠야의 덴푸라는 다른 덴푸라에 비해 진한 갈색을 띄고 있는데 이것은 참기름을 사용하여 튀기는 '에도마에 덴푸라'의 독특한 조리법과 진한 소스 때문이다. 소스는 매콤달콤한 맛이 특징으로 창업 이후 지금까지 레시피가 비밀리에 전수되고 있다고 한다. 촉촉한 덴푸라가 하얀 밥과 기막힌 조화를 이루는 다이코쿠야는 아사쿠사 여행에서 꼭 들러 봐야 할 맛집이다.

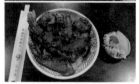

바삭하고 부드러운 식감

카게쓰도 花月堂

주소 東京都台東区浅草 2-7-13 위치 도부 스카이트리 라인, 도쿄 메트로 아사쿠사역에서 도보 15분 시간 09:00~매진 시 휴무 연중무휴 홈페이지 asakusa-kagetudo.com 전화 03-3847-5251

센소지 근처의 아케이드 거리에는 달콤한 빵 향기가 그윽한데 바로 그 정체는 카게쓰도의 '점보 멜론빵'이다. 멜론처럼 겉면에 격자 무늬가 있는 것이 특징인 카게쓰도의 멜론빵은 일반 멜론빵보다 한층 더 크다. 표면의 바삭바삭한 식감과 안쪽의 촉촉하고 폭신폭신한 식감이 조화를 이루고, 전체를 감싸는 겉면은 쿠키 반죽으로 되어 있어 달콤함도 배어 있다. 점보 멜론빵(가격 220엔)은 오후 시간에 대부분 매진되기 때문에 꼭 오전에 들러야 맛볼 수 있다. 여름에는 한정판으로 점보 멜론빵에 아이스크림을 넣은 아이스 멜론빵도 판매하고 있으며, 가게 2층은 카페로 꾸며져 있어 쉬어 갈 수도 있다.

기모노 입고 다이쇼 시대로 시간 여행

아사쿠사 다이쇼 로망관 카페 浅草大正ロマン館カフェ

주소 東京都台東区浅草 2-2-4 大正ロマン館 1F 위치 긴자선 아사쿠사역에서 도보 5분 시간 10:00~18:30 휴무 연중무휴 홈페이지 www.instagram.com/romankan_cafe 전화 03-5830-2311

센소지 바로 옆에 있는 아사쿠사 다이쇼 로망관은 기모노를 대여해 주는 독특한 콘셉트의 카페이다. 2021년 9월 오픈 이래, 다이쇼 시대(1912~1926년)를 느끼게 하는 분위기로 아사쿠사의 새로운 스폿이 되었다. 아사쿠사 다이쇼 로망관에서는, 다이쇼 시대의 기모노를 입고 화려한 크레페와 크림 소다, 일본식 복고풍 분위기의 아이스크림, 플로트 음료 등을 맛볼 수 있다.

현존하는 전파탑으로는 세계 1위

도쿄 스카이트리 東京スカイツリー

도쿄의 새로운 랜드마크인 도쿄 스카이트리는 세계에서 가장 높은 634m의 자립식 전파탑이다. 지상에서 350m 높이에 있는 전망대에서는 수도권 전체가 내려다보이며, 날씨가 화창한 날에는 후지산도 볼 수 있다. 밤이 되면 매일 교대로 밝히는 푸른빛 조명의 '이키(멋)'와 남보랏빛 조명의 '미야비(우아함)'가 환상적인 분위기를 연출한다. 근처에 있는 '도쿄 소라마치'는 플라네타리움, 수족관 그리고 매장 등 300개 이상의 개성 있는 점포가 집결해 있어 일본인 및 외국 관광객들이 많이 찾는 곳이다.

주소 東京都墨田区押上 1-1-2 위치 ❶ 도부 스카이트리 라인, 한조몬선, 게이세이 오시아게선, 도에이 아사쿠사선 오시아게역에서 도보 5분 ❷ 도부 스카이트리 라인 도쿄스카이트리역에서 바로 시간 08:00~22:00(전망대) 휴무 연중무휴 홈페이지 www.tokyo-skytree.jp 전화 0570-55-0634

교통편 스카이트리 셔틀을 이용하면 직행 셔틀버스로 도쿄 스카이트리 타운에 도착할 수 있다.

스카이트리 셔틀

• 출발·도착 장소: 도쿄역, 우에노 및 아사쿠사 지역, 하네다공항, 도쿄 디즈니 리조트

• 홈페이지: www.tobu-bus.com/pc

여행법 아사쿠사에서는 도쿄 스카이트리까지 도보로 약 30분 걸린다. 스카이트리가 있는 지역은 옛 도쿄의 모습이 남아 있는 시타마치라서 나름의 정취가 있다. 이러한 풍경을 좋아하는 사람이라면 도보로 걸어가도 괜찮지만 한여름이거나 시간이 촉박한 여행자는 지하철을 이용하는 것이 좋다.

입장 요금

• 당일권: 천망데크 2,100엔, 세트권(천망회랑+천망데크) 3,100엔(도쿄 스카이트리 4층 티켓 카운터에서 당일권 구매)

• 예매권: 천망데크 1,800엔, 세트권(천망회랑+천망데크) 2,700엔(웹사이트에서 예매, 카드만 가능)

도쿄 스카이트리

지도 (상단)

페퍼 런치 나리히라
Pepper Lunch Narihira

도쿄스카이트리역
東京スカイツリー駅

산세이도 서점
三省堂書店

디즈니 스토어
ディズニーストア

오시아게역
押上駅

도쿄 스카이트리
東京スカイツリー

도쿄 소라마치
東京ソラマチ

소라마치
광장

소라토라야
宙寅屋

도쿄 스카이트리
이스트 타워
東京スカイツリー
イーストタワー

패밀리마트
FamilyMart

스타벅스
Starbucks

키르훼봉 キルフェボン

루피시아(소라마치점) LUPICIA

도쿄 스카이트리 스미다 수족관
東京すみだ水族館

세븐일레븐
Seven-Eleven

스카이트리 전개도

도쿄 스카이트리
천망회랑 450m

도쿄 스카이트리
천망데크 350m

- 의류와 잡화
- 식품과 디저트
- 식당과 카페
- 각종 서비스

	소라마치 다이닝 스카이트리 뷰 12 Solamachi Dining SKYTREE VIEW 11
	생활과 문화 10
	일본 우편 박물관 9
	생활과 문화 8
플라네타륨 "TENKU"	소라마치 다이닝 7
	소라마치 다이닝 6
5 스미다 수족관	관광/ 이벤트 홀 5
4 식당 TV캐릭터	일본 기념품 4
3 소라마치 테이블 테라스	의류와 잡화 3
2 푸드 마르케	여성의류/잡화 2
도쿄 스카이트리역 → 1	소라마치 소텐가이 쇼핑 구역 1
B1 주차장	B1 오시아게역 B3

웨스트 야드

이스트 야드

스카이트리 천망데크

천망데크를 동서남북으로 돌면 도쿄의 거리를 시작부터 끝까지 자세히 내려다볼 수 있다. 맑은 날에는 후지산이 보일 정도다. 천망데크는 2,000명을 수용할 수 있고, 레스토랑과 카페 등의 부대시설도 갖추고 있어 여유롭게 전망을 즐길 수 있다. 한쪽에는 투명한 유리 바닥 위를 걸으면서 350m의 높이를 실감할 수 있는 장소가 있다.

스카이트리 천망회랑

높이 450m의 도쿄 스카이트리 천망회랑은 이름대로 완만한 나선형의 슬로프를 올라가면서 탁 트인 하늘 세계를 체험할 수 있다. 이곳에서부터는 약 75km 떨어져 있는 보소 반도 너머의 태평양까지 바라볼 수 있다.

 스카이트리 카페

스카이트리 전망대에서 음료와 식사를 즐길 수 있는 곳은 3군데 있다. 우선 '천망데크 플로어 340'은 타워에서 전망을 즐긴 후 잠시 휴식을 취할 수 있는 카페다. 음료, 가벼운 식사, 오리지널 디저트 등을 먹을 수 있다.(테이블석, 10:00~20:45) 다음으로 '천망데크 플로어 350'은 일본에서 가장 높은 곳에 위치한 스카이트리 카페로, 맑은 날에는 간토 평야까지 볼 수 있다.(스탠딩석) 마지막으로, '스카이 레스토랑 634'는 지상 345m에서 도쿄의 풍경을 감상하며 식사를 할 수 있는 레스토랑이다.

스카이트리를 둘러싼 대형 쇼핑몰
도쿄 소라마치 | 東京ソラマチ

주소 東京都墨田区押上 1-1-2 위치 ❶도에이 아사쿠사선 오시아게역에서 도보 5분 ❷도부 스카이트리 라인 도쿄스카이트리역에서 바로 시간 10:00~21:00(매장), 11:00~23:00(레스토랑) 휴무 연중무휴 요금 시설마다 다름 홈페이지 www.tokyo-solamachi.jp 전화 0570-55-0102

도쿄 소라마치는 스카이트리를 중심으로 오시아게역 쪽의 이스트 야드와 스카이트리역 쪽의 웨스트 야드로 나눠져 있다. 이스트 야드의 1층에는 일본 전통 가옥을 연상시키는 인테리어의 소라마치 상점가가 있으며 약 120m의 통로에 식품, 잡화, 카페, 레스토랑 등 35개의 매장이 들어서 있다. 일본 전통의 가옥을 연상시키는 지붕과 인테리어가 눈길을 끈다. 2층, 3층은 패션 존으로 인기 패션 브랜드가 몰려 있다. 쇼핑하다 피곤할 때 들어가 쉴 수 있는 다양한 카페도 곳곳에 있다. 4층의 나나스 그린 티 nana's green tea와 6층의 기온 쓰지리 GION TSUJIRI에서는 말차를 마실 수 있다. 이스트 야드 4층은 도쿄 스카이트리 타운 내에서 기념품을 가장 많이 파는 곳이다. 일본의 '지금'을 추구하는 전문점들이 들어서 있으며 옛날 에도(도쿄의 옛 이름) 거리에 존재했던 대형 상점 '오다나'를 테마로 한 기둥, 대들보, 도리 등과 같은 일본 전통의 건축미를 반영한 디자인 상품들이 많다. 이곳에서 가장 주목할 만한 곳은 아사쿠사 아메자이쿠 아메신 Asakusa Amezaiku Ameshin, 설탕 공예의 정수를 볼 수 있다. 6, 7층은 '소라마치 다이닝'이라 불리는 레스토랑 구역으로 일본 각지의 요리를 즐길 수 있는 전문점이 늘어서 있다. 웨스트 야드와 타워 야드 2층에는 매일 새로 들여오는 신선한 식품과 일식·양식 반찬을 파는 점포들이 들어서 있다. 또 서민 거리를 콘셉트로 한 스위츠 등 여기에서만 판매하는 한정 스위츠 상품들이 갖추어져 있다.

도쿄 스카이트리 스미다 수족관 東京すみだ水族館 [도쿄스미다 스이조쿠칸]

스미다 수족관은 도쿄 스카이트리 타운 웨스트 야드의 5층과 6층 2개 층에 걸쳐 있다. 세계 유산인 오가사와라 바다를 재현한 '도쿄 대수조'가 있으며 펭귄이나 물개를 가까이서 볼 수 있는 실내 개방형 수조 등 바다 동물과 친해질 수 있는 수족관이다.

위치 도쿄 스카이트리 타운 소라마치 웨스트 야드 5, 6층 시간 09:00~21:00(입장 마감 20:00) 휴무 연중 무휴 요금 2,050엔(대인), 1,500엔(고등학생), 1,000엔(중학생·초등학생), 600엔(유아) 홈페이지 www. sumida-aquarium.com 전화 03-5619-1821

🍴 키르훼봉 キルフェボン

달콤한 타르트로 유명한 키르훼봉은 도쿄 3개 지점 중 하나인 스카이트리 디저트 숍 중에서 단연 톱을 달리는 가게다. 봄, 여름, 가을, 겨울 각 계절에 수확되는 제철 과일만을 엄선해서 만든 타르트로 인기를 끌고 있다. 항상 대기 줄이 긴 이 키르훼봉 소라마치 지점에서만 맛볼 수 있는 것은 화이트 크림과 크림치즈의 수플레이다. 상큼한 딸기와 바삭한 타르트의 조화가 절묘하다.

위치 도쿄 스카이트리 타운 소라마치 2층 **시간** 10:00~21:00 **휴무** 연중무휴 **홈페이지** www.quil-fait-bon.com/info/ **전화** 03-5610-5061

🧺 루피시아_소라마치점 LUPICIA 東京スカイツリータウン・ソラマチ店

[토쿄스카이츠리타운소라마치텐]

한국인들에게 잘 알려져 있는 일본의 유명 차 회사인 루피시아는 2005년부터 세계 각지의 좋은 차를 판매하면서 사업을 확장시켜, 일본 전역에 판매망을 갖췄다. 일본은 물론, 인도, 스리랑카, 중국, 대만 등 세계 각국의 산지에서 신선하고 좋은 찻잎을 직접 매입해 판매하고 있다. 루피시아 소라마치점은 루피시아의 대표 상품인 달콤한 향의 사쿠람보 외에도 과일 향을 첨가한 상큼한 맛의 아이스티나 사과와 꿀의 향을 첨가한 루이보스티 등이 소라마치점 한정판으로 판매하고 있다.

위치 도쿄 스카이트리 타운 소라마치 이스트 야드 1층 **시간** 09:00~22:00 **휴무** 부정기 **홈페이지** www.lupicia.co.jp/shop/shop.php?ShpCD=kt77

우에노
上野

Ueno

벚꽃과 예술의 거리

우에노는 한때 도호쿠 지방으로 가는 열차의 출발지였고 나리타 공항으로 향하는 관문이면서 도쿄 제일의 문화 중심지이다. 도쿄 국립 박물관, 국립 서양 미술관, 국립 과학 박물관, 우에노 동물원 등이 이곳에 몰려 있다. 우에노 공원 한쪽에는 여름날에 연꽃이 가득 피어나는 시노바즈 연못이 있으며, 이 주변으로 도쿠가와 이에야스의 신사인 우에노 도쇼구가 있다. 우에노역의 정남쪽에는 제2차 세계 대전 이후 생겨난 암시장으로 출발해서 수많은 관광객이 몰려드는 아메요코 상점가가 있다. 우에노는 역사적으로 도쿄의 시타마치 지구의 일부로서 주로 서민들이 살던 지역이다. 우에노역 서북쪽으로 올라가면 최근 새로운 관광지로 떠오르고 있는 야네센 지역이 나온다.

우에노 관광 연맹 www.ueno.or.jp

조반선 常磐線
우구이스다니역
鶯谷駅

도쿄 예술 대학
東京藝術大学

도쿄 국립 박물관
東京国立博物館

도쿄 도립 우에노 고등학교
東京都立 上野高等学校

호텔 오쿠라 가든 테라스
ホテルオークラ
ガーデンテラス

우에노코엔
上野公園

가쓰타로 도쿄 료칸
勝太郎旅館

이케노하타
池之端

도쿄도 미술관
東京都美術館

JR 야마노테선 山手線

우에노 동물원 후지다나 휴게소 매점
上野動物園 藤棚休憩所売店

우에노 동물원
上野動物園

조반선 常磐線

도호쿠 신칸센 東北新幹線

신후지
新ふじ

스타벅스
Starbucks

우에노 도쇼구
上野東照宮

파크 사이드 카페
Park Side Cafe

국립 서양 미술관
国立西洋美術館

우에노 공원
上野公園

패밀리마트
FamilyMart

양서 파충류관
両生爬虫類館

인쇼테이
韻松亭

공원개찰구

아마시타출구

아사쿠사출구

우에노역
上野駅

미쓰이 가든 호
三井ガーデン
ホテル上野

히로코지출구

시노바즈 연못
不忍池

가부라야
かぶらや

레스토랑 코달리
Restaurant Caudalie

게이세이우에노역
京成上野駅

아메요코 상점가
アメ横商店街

히가시우에노
東上野

시타마치 풍속 자료관
下町風俗資料館

구 이와사키 저택 정원
旧岩崎邸庭園

구로후네테이
黒船亭

우에노 터미널 호텔
上野ターミナルホテル

호텔 마루타니 도쿄
ホテル丸谷

우에노
上野

카나피나 우에노
Khanapina Ueno

도토루
Doutor

북오프
Bookoff

아란자루시
アランジャルシ

패밀리마트
FamilyMart

우에노오카치마치역
上野御徒町駅

야나카 커피점
やなか珈琲店

우에노히로코지역
上野広小路駅

오카치마치역
御徒町駅

유시마역
湯島駅

나카오카치마치역
仲御徒町駅

· 이동하기 ·

교통편 (JR선) 우에노역, (긴자선·히비야선) 우에노역, (게이세이선) 게이세이우에노역

여행법
- 여유가 있다면 우에노 동물원이나, 도쿄 국립 박물관까지 일정에 포함할 수 있으나 그곳에 방문하려면 각각 최소 반나절의 시간이 필요하다는 것을 잊지 말자.
- 공원 내의 주요 시설들은 월요일에 문을 닫는다.
- 우에노는 아사쿠사, 닛포리역 주변의 야네센 지역과 같이 묶어 여행하는 것이 좋다.
- 아메요코 상점가는 밤에도 관광객이 많아 활기가 넘치기 때문에 숙소가 우에노 부근이라면 밤 시간에 돌아보는 것도 괜찮다.
- 여행 중에 선물이 사지 못했다면, 혹은 식사를 할 장소를 찾는다면 우에노역 3층에 있는 에큐트^{ecute}를 찾아가자. 이곳에는 각종 선물 가게와 맛집(도쿄 장가라 라멘, 쓰키지 우오가시 마구로 이치다이, 샌드위치 전문점 메르헨 등)이 있다.

Best Course

우에노 추천 코스

JR 우에노역
↓
도보 2분
국립 서양 미술관

↓
도보 5분
도쿄 국립 박물관
↓
도보 7분
도쿄도 미술관
↓
도보 3분

우에노 공원

↓
도보 10분
시노바즈 연못

↓
도보 10분
게이세이 우에노역

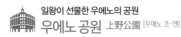

일왕이 선물한 우에노의 공원

우에노 공원 上野公園 [우에노 코-엔]

주소 東京都台東区上野公園 5-20 위치 ❶ JR 우에노역에서 도보 2분 ❷ 게이세이선 게이세이우에노역에서 도보
1분 시간 시설마다 다름 휴무 시설마다 다름 요금 무료 전화 03-3828-5644 홈페이지 www.tokyo-park.or.jp

우에노 동물원을 비롯한 총 53만 m²의 넓은 부지 내
에는 국립 서양 미술관, 국립 과학 박물관, 도쿄도 미
술관 등 문화 시설이 모여 있다. 또한 우에노 공원에
는 벚꽃나무 1,100그루가 있어 3월 하순 우에노 사
쿠라 마쓰리에는 벚꽃 명소를 찾는 사람들로 인산인
해를 이룬다. 공원의 남쪽에 펼쳐진 연못 시노바즈
연못은 여름에는 연꽃, 겨울에는 수많은 철새로 장
관을 이룬다. 원래 이곳은 에도의 북동쪽으로부터
에도성을 방어하기 위해 세워진 간에이지寬永寺가 있

© Takashi Images

었는데, 보신 전쟁 때 파괴돼 1924년에 공원으로 지정됐다. 공원의 공식 명칭인 우에노온시코엔上野恩賜公園
은 일왕이 선물한 우에노의 공원이라는 뜻이다. 우에노 공원에는 노숙자들이 모여 있어서, 늦은 시간에는
공원 출입을 삼가는 것이 좋다.

• **우에노 공원** •

INSIDE

 ## 시노바즈 연못 不忍池 [시노바즈노이케]

우에노 공원 남쪽에 위치한 연못이다. 연못의 둘레는 약 2km고 넓
이는 약 110만 km²에 달한다. 7~8월에는 연꽃이 피어나고 겨울
에는 약 11만 마리의 철새가 이곳을 찾는다. 연못 한가운데에는 칠
복신 중 하나인 벤자이텐을 모시는 사당인 벤텐도가 있다. 벤텐도
는 17세기 당시 간에이지를 창건할 때 처음 만들어졌으나 지금의
벤텐도는 1945년 도쿄 대공습 당시 소실돼 1958년에 재건한 것이다. 연못에서는 보트도 탈 수 있으며,
여름에는 이곳에서 연꽃이 만발하니 반드시 봐야 할 여행 목록 중 하나다.

주소 東京都台東区上野公園·池之端 2 위치 JR 우에노역에서 도보 6분 시간 상시 개방

 ## 우에노 도쇼구 上野東照宮 [우에노토-쇼-구]

도쿠가와 이에야스, 도쿠가와 요시무네, 도쿠가와 요시노부를 모
시는 신사다. 1627년에 창건됐고 현재의 건물은 1651년 도쿠가
와 이에미쓰가 개축한 것이다. 배전, 폐전, 본전으로 구성돼 있으며
본전에는 금박의 중국 양식의 문이 있다. 입구에 세워진 이시즈쿠
리 묘진 도리이는 국보로 지정돼 있다. 산도에는 200여 개의 등롱
이 서 있다. 정원에는 약 250품종 3,200그루의 모란이 아름답게 피어나는데 1~2월에 방문하면 볼 수 있
다. 전쟁과 지진을 겪고도 에도 시대 건축 양식을 그대로 보존하고 있는 드문 건물이다.

주소 東京都台東区上野公園 9-88 위치 JR 우에노역에서 도보 5분 시간 09:00~16:30 휴무 연중무휴 요금 무
료 입장 홈페이지 www.uenotoshogu.com 전화 03-3822-3455

세계 3대 희귀 동물이 있는 곳

우에노 동물원 上野動物園 [우에노 도-부츠엔]

주소 東京都台東区上野公園 9-83 위치 JR 우에노역에서 도보 5분 시간 09:30~17:00 휴무 월요일, 연말연시
요금 600엔(일반), 300엔(65세 이상), 200엔(중학생), 초등학생 이하 무료 홈페이지 www.tokyo-zoo.net 전화
03-3828-5171

우에노 동물원에서는 항상 소풍 나온 어린이들을 볼
수 있다. 1882년 3월 20일에 문을 연 일본 최초의 동
물원이다. 동원과 서원으로 나누어져 그 사이는 모노
레일로 연결돼 있는데 이 모노레일도 일본 최초다. 동
물원은 수마트라 호랑이, 서부 저지대 고릴라 등의 희
귀 동물을 비롯해 500여 종의 동물을 사육하고 있다.
한국에서는 직접 보기 힘든, 세계 3대 희귀 동물이라
하는 자이언트 판다, 오카피, 코비토를 볼 수 있다. 이
때문에 내방객수는 기적의 동물원이라는 별칭을
가진 홋카이도 아사히야마 동물원과 쌍벽을 이룬다. 1990년대부터 사육 환경을 최대한 자연 상태에 가깝
게 조성하려는 노력이 지속되고 있으며 실제로 수마트라 호랑이 코너는 밀림 분위기가 연출된다. 시간적인
여유가 있다면 한 번쯤 돌아볼 만하다.

도굴, 반출된 한국 문화재가 기증된 박물관

도쿄 국립박물관 東京国立博物館 [토-쿄- 코쿠리츠 하쿠부츠칸]

주소 東京都台東区上野公園 13-9 위치 JR 우에노역에서 도보 10분 시간 09:30~17:00 휴무 월요일, 연말연시
요금 620엔(일반), 410엔(대학생), 18세 이하 70세 이상 무료 전화 03-5777-8600 홈페이지 www.tnm.jp

1872년에 설립된 일본에서
가장 오래된 박물관이다. 일
본과 동양 문화재의 수집·보
관 및 전시·연구를 하고 있다.
본관本館, 효케이관表慶館, 동
양관東洋館, 헤이세이관平成館,
호류지 보물관法隆寺宝物館 5
개 전시관과 자료관, 기타 시
설로 구성돼 있다. 일본의 국
보 87건, 일본의 중요 문화재
634건을 포함해 약 11만 2천
점의 유물을 소장하고 있다(2016년 기준). 이 박물관을 주목해야 하는 이유는 일본 사업가 겸 문화재 수집가
인 오구라 다케노스케小倉武之助가 일제강점기 때 한반도에서 도굴, 반출해 간 문화재 중 1,856점이 여기에
기증돼 있기 때문이다. 현재 도쿄 국립 박물관에 소장된 한국 문화재 가운데 조선 왕실의 투구 3점을 상대로
민간 차원에서 문화재 반환 운동이 계속되고 있다.

연간 300회 전시회를 개최

도쿄도 미술관 東京都美術館 [도쿄도비쥬칸]

주소 東京都台東区上野公園 8-36 위치 ❶. JR 우에노역에서 도보 7분 ❷ 게이세이선 게이세이우에노역에서 도보 10분 시간 09:30~17:30 휴무 첫 번째·세 번째 월요일, 연말연시 요금 무료 입장(관람료는 전시회마다 다름) 홈페이지 www.tobikan.jp/kr 전화 03-3823-6921

1926년에 설립돼 2012년에 리뉴얼 오픈한 도쿄도 미술관은 우에노와 아사쿠사의 미술 관과 동물원들이 밀집된 통칭 우에노의 산ㄴ 野의山이라고 불리는 구역에 있다. 이곳은 국 내외 명화 등을 즐길 수 있는 특별전을 비롯해 미술 단체 공모전과 자주 기획전 등 연간 300 회 전시회를 상시 개최한다. 미술관 내에는 레스토랑과 카페, 뮤지엄 숍도 갖춰져 있다. 도쿄도 미술관의 신관을 설계한 일본 모더니 즘 건축의 거장 마에카와 구니오의 건축도 볼 거리 중 하나다. 모네전과 같은 기획전이 연 중 열리므로 우에노 여행 시 방문해 볼 만하다.

프랑스 작품이 가득한 미술관

국립 서양 미술관 国立西洋美術館 [고쿠리츠 세-요-비쥬츠칸]

주소 東京都台東区上野公園 7-7 위치 ❶ JR 우에노역에서 도보 1분 ❷ 게이세이선 게이세이우에노역에서 도보 7분 시간 09:30~17:30(금요일 09:30~20:00) 휴무 월요일 요금 430엔(일반), 130엔(대학생), 고등학생 이하·18 세 미만·65세 이상 무료 홈페이지 www.nmwa.go.jp 전화 03-5777-8600

가와사키 조선소의 사장이었던 마쓰카타 고지로가 19세기부터 20세기 전반의 회화·조각을 중심으로 수집한 마쓰카타 컬렉션을 바탕으로 1959년 설립됐다. 사업가 마쓰카타 고지로는 20세기 초 프랑스에서 많은 미술품을 수집했지만 컬렉션은 제2차 세계대전 후 프랑스 정부에 의해 적국 자산으로 압류됐고 전쟁 후 마쓰카타 컬렉션이 일본에 반환될 때의 조건으로 국립 서양 미술관이 건설됐다. 본관 디자인은 프랑스 건축가 르 코르뷔지에 의해 설계됐다. 상설전에서는 루벤스 등 18 세기 이전의 종교화부터 마 네·세잔·모네 등 프랑스 근대 회화, 피카소·미 로 같은 20세기를 대표하는 작가의 그림을 전 시하고 있다. 전체를 돌아볼 시간이 없다면 미 술관 앞마당에 '생각하는 사람', '지옥의 문' 등 의 로댕 조각이 전시돼 있으니 그것만은 반드 시 보고 오자.

없는 것이 없는 저렴한 상점가
아메요코 상점가 アメ横商店街 [아메요코 쇼-텐가이]

주소 東京都台東区上野 6-10-7 **위치 ①** JR 오카치마치역 북쪽 출구에서 도보 1분 **②** JR 우에노역 중앙 출구에서 도보 1분 **시간** 10:00~19:00(가게마다 다름) **휴무** 가게마다 다름 **홈페이지** www.ameyoko.net **전화** 03-3832-5053

JR 우에노역에서 오카치마치역 사이의 JR야마노테선 고가 철로를 따라 약 400m의 거리에 늘어선 상점가다. 400여 개 점포가 몰려 있는 이 상점가에는 전후 암시장이 형성돼 다양한 물품이 판매됐고 특히 사탕을 파는 가게가 당시 200개 이상이었다. 또한 미군의 방출 물품을 파는 가게도 많았기 때문에 사탕이라는 뜻의 '아메' 혹은 아메리카의 발음을 딴 아메요코초로 불리기 시작했다고 한다. 식품, 화장품, 의류 등 없는 것이 없다고 할 정도인 아메요코 상점가는 최근 중국 관광객들의 증가로 아침부터 늦은 저녁까지 북적인다. 연말연시에 최대 50만 명이 모여드는 이 시장을 돌아보며 저렴한 가격의 상품들을 쇼핑하는 것도 좋다. 상점가의 끝지점인 오카치마치역 쪽에는 저렴한 가격으로 식사할 만한 곳도 많으며, 시장 내에서 케밥, 각종 구이를 파는 가게들도 있다.

근대 일본의 대표적인 서양식 저택
구 이와사키 저택 정원 旧岩崎邸庭園 [큐-이와사키 테이테이엔]

주소 東京都台東区池之端一丁目 **위치 ①** 도쿄 메트로 치요다선 유시마역에서 도보 3분 **②** 도쿄 메트로 긴자선 우에노히로코지역에서 도보 10분 **시간** 09:00~17:00 **휴무** 연말연시 **홈페이지** www.tokyo-park.or.jp/park/format/index035.html

우에노에서 시간적인 여유가 있다면, 우에노 온시 공원의 남쪽에 위치한 구 이와사키 저택 정원을 찾아갈 만하다. 1896년, '로쿠메이칸鹿鳴館'의 건축가로 유명한 조사아 콘도르가 설계한 서양관으로 메이지 유신 이후 근대 일본 주택을 대표하는 서양식 목조 건물이다. 일본 3대 재벌 중 하나인 미쓰비시 재벌의 창업자, 이와사키 야타로의 장남 이와사키 히사야의 본가 저택으로 지어졌다. 현재 부지는 당시의 3

분의 1로 줄었고, 건물은 서양관, 당구실, 일본관 등 3채만 남아 있다. 당구실은 당시로서는 매우 보기 드문 스위스 산장 스타일의 건축물로, 지하를 통해 서양관과 연결된다. 또한 서양관과 붙어 있는 일본관은 서원 양식으로 지어져 일본 고유의 정취를 풍긴다.

옛 도쿄의 모습을 지닌 곳

야네센 谷根千

'야네센'이란 서로 인접한 야나카谷中, 네즈根津, 센다기千馱木 세 지역의 첫 글자를 따서 부르는 이름이다. 현대적인 거대 도시 도쿄에서 좀처럼 찾아볼 수 없는 서민적인 풍경을 구경하며 산책하기 좋은 곳이다. 지금은 서민 마을의 모습을 보여 주고 있지만 본래 에도 시대의 야나카는 사원 마을, 네즈는 네즈 신사의 마을을, 센다기는 하급 무사들이 살던 지역이었다. 인근에 도쿄 대학을 둔 센다기에는 예전부터 가와바타 야스나리, 나쓰메 소세키 등의 일본을 대표하는 문인들이 살았던 흔적이 지금도 남아 있으며, 네즈와 야나카도 관동 대지진과 태평양 전쟁의 폭격을 겪으며 옛 모습을 보존하고 있는 지역으로, 야네센에는 도쿄의 옛 모습을 보고자 하는 여행자들의 발걸음이 끊이지 않는다.

야네센 관광 사이트 www.yanesen.net

교통편 (JR선) 닛포리역, 네즈역, 센다기역

여행법 • 야네센을 여행하는 기본적인 코스는 두 가지가 있다.

1코스: 우에노 공원을 출발해 도쿄 국립 박물관과 우에노 동물원 사잇길을 통과해 닛포리역을 향해 이동하면서 야나카 레이엔과 야나카 긴자를 여행하고, 닛포리역으로 이동하는 코스

2코스: 네즈역을 출발해서 센다기역을 거쳐 닛포리역으로 이동하는 코스로 옛날 방식대로 만든 두부, 센베이, 아이스크림, 사탕 가게와 붓, 치요가미, 대나무 제품, 전통 공예점 그리고 술집, 메밀국수 가게, 공중목욕탕 등을 돌아볼 수 있는 코스

• 계절적으로 벚꽃이 피는 시기에는 야나카 레이엔 주변의 벚꽃길, 4~5월이라면 약 3,000그루의 철쭉이 피는 장관을 볼 수 있는 네즈 신사를 여행지에 넣도록 하자.

토노 ; 4122
Tono ; 4122

JR·야마노테선 山手線
조반선 常磐線

살레 스위스 미니
Chalet Swiss Mini

닛포리역
日暮里駅

야나카 긴자
谷中銀座

유아케단단
夕やけだんだん

구립 아사쿠라 조소관
台東区立朝倉彫塑館

마미즈 안 스릴
マミーズ・アン・スリール

에스프레소 팩토리
Espresso Factory

센다기역
千駄木駅

간온지의 쓰이지 담
観音寺の築地塀

스페이스 오구라야
スペース小倉屋

스시 노이케
すし 乃池

산사키자카 카페
さんさき坂カフェ

야나카 레이엔
谷中霊園

야나카
谷中

스카이 더 배스하우스
SCAI THE BATHHOUSE

가야바 커피
カヤバ珈琲

네즈 신사
根津神社

네즈노 다이야키
根津のたいやき

분쿄네즈 우체국
文京根津郵便局

레스토랑 모모
レストランモモ

세븐일레븐
Seven-Eleven

야네센

네즈역
根津駅

도쿄대학 야요이 캠퍼스
東京大学 弥生キャンパス

우에노 동물원
上野動物園

Best Course

야네센 추천 코스	간온지의 쓰이지 담
	⊙
네즈역 1번 출구	도보 5분
⊙	구립 아사쿠라 조소관
도보 10분	⊙
네즈 신사	도보 10분
⊙	야나카 긴자
도보 15분	⊙
가야바 커피	도보 5분
⊙	야나카 레이엔
도보 10분	⊙
스페이스 오구라야	도보 5분
⊙	JR 닛포리역 서쪽 출구
도보 5분	

계단 위 석양이 아름다운 곳

유아케단단 夕やけだんだん

위치 ❶JR 닛포리역 서쪽 출구에서 도보 5분 ❷치요다선 센다기역 도칸 출구에서 도보 3분

'저녁노을 점점'이라는 이름의 이 계단은 닛포리
역에서 야나카 긴자로 내려갈 때 맨 처음 마주치
는 곳이다. 계단의 경사도는 15도 정도고 고저
차는 4m, 계단 수는 36개다. 폭은 4.4m이고 전
체 길이가 15m의 이 계단 위에서 야나카 긴자를
내려다보는 풍경은 방송에 자주 등장하기도 하
는데 이곳에서 보는 석양이 아름답기로 유명하
다. 계단 아래는 '야나카 긴자'라고 쓰인 간판이
서 있으며 고양이들이 몰려드는 곳이다. 이곳에
몰려드는 고양이 때문에 고양이 마을이라고 소

문이 날 정도다. 저녁노을 점점이라는 지명은 1990년 돌계단이 개조되면서 애칭을 모집하던 당시 야
네센이라는 지역 잡지의 편집자인 모리 마유미가 응모한 이름이라고 한다.

소박한 시장 풍경으로 발길을 이끄는 곳

야나카 긴자 谷中銀座

주소 東京都台東区谷中 3-13-1 위치 ❶JR 닛포리역 서쪽 출구에서 도보 5분 ❷치요다선 센다기역 도칸
출구에서 도보 3분 시간점포마다 다름 휴무연중무휴 홈페이지 www.yanakaginza.com

전체 길이가 175m이고 폭이 5~6m인 거리에 70개의 점포가 들어서 있는 야나카 긴자는 1945년에
자연적으로 형성됐다. 1996년 NHK의 TV 소설 〈해바라기〉의 배경이 되어 널리 알려지게 됐다. 이후
1950년대 옛 도쿄의 향수 어린 풍경과 문화를 보기 위해 연간 약 1만 4천 명이 이곳을 방문하고 있다.
그리 크지 않은 시장이지만 소박한 시장 풍경, 예쁜 간판, 넉넉한 인심들이 어우러져 많은 사람이 찾는
다. 야나카 긴자 거리를 돌아보면서 이곳의 명물인 멘치카쓰를 맛보자. 매월 1일과 15일에는 모든 가
격의 10%를 할인하는 이벤트도 진행한다.

200여 년 된 목욕탕을 개조한 갤러리

스카이 더 배스하우스 SCAI THE BATHHOUSE [스카이 자 바스하우스]

주소 東京都台東区谷中 6-1-23 柏湯跡 위치 JR 닛포리역 남쪽 출구에서 도보 6분 시간 12:00~18:00 휴무 일·월·공휴일 요금 무료 홈페이지 www.scaithebathhouse.com 전화 03-3821-1144

가와바타 야스나리, 이케나미 쇼타로 등이 단골로 이용했던 200여 년의 역사를 지닌 목욕탕 가시와유를 개조해 만든 갤러리다. 가시와유는 1991년 폐업했고, 1993년에 목욕탕의 높은 천장과 외관, 기와 굴뚝 등을 남겨둔 채 현대적인 갤러리로 재탄생했다. 현대 예술 작품을 중심으로 일본과 해외 아티스트의 작품들을 소개하고 있다.

도쿄 10대 신사 중 하나

네즈 신사 根津神社 [유네즈진자]

주소 東京都文京区根津 1-28-9 위치 치요다선 네즈역 1번 출구에서 도보 7분 시간 06:00~17:00 휴무 연중무휴 요금 무료 홈페이지 www.nedujinja.or.jp 전화 03-3822-0753

네즈역에서 5분 거리의 주택가에 있는 신사로, 1900년 전에 세워진 유서 깊은 곳이다. 야마토타케루노미코토가 창사했다고 전해진다. 1705년 에도 막부 5대 쇼군 쓰나요시는 형 쓰나시게의 아들 쓰나토요(6대 이에노부)를 후계자로 정하고 가문의 신을 모신 네즈 신사에 그 저택지를 헌납해 대축조했다. 다음 해(1706년)에 완성된 신전 7동이 모두 현존하고 있는데, 에도 시대 신사 건축물 중에서 최대 규모를 자랑한다. 네즈 신사는 일본 중요 문화재로 지정돼 있고, 도쿄 10대 신사 중 하나다. 매년 4~5월에는 철쭉 축제가 열려 수많은 관광객이 방문하며, 모리 오가이와 나쓰메 소세키 등의 유적들도 남아 있다.

나무로 둘러싸인 쾌적한 공동묘지
야나카 레이엔 谷中霊園 [야나카레이엔]

주소東京都台東区谷中 7 위치JR 닛포리역 북쪽 출구에서 도보 6분

JR 닛포리역과 바로 이웃해 있는 공동묘지다. 원래는 야나카 덴노지 경내의 일부였다. 공동묘지라 하면 두려운 느낌이 있지만 실제 묘지는 나무들로 둘러싸인 쾌적한 공간이다. 1874년 도쿄의 공동묘지로 출발했으며 부지 면적은 10만 m^2고, 약 7,000개의 묘지가 있다. 이 묘지 내에는 에도 막부 15대 쇼군 도쿠가와 요시노부, 화가 요코야마 다이칸, 은행가 시부사와 에이이치 등 저명인들의 묘도 있다. 봄에는 묘지 내를 가로지르는 벚꽃 길에 벚꽃이 가득 피어나 꽃 구경 명소이기도 하다.

언제 판매 완료가 될지 모르는 붕어빵 맛집
네즈노 다이야키 根津のたいやき [네즈노 다이야키]

주소東京都文京区根津 1-23-9-104 위치치요다선 네즈역에서 도보 7분 시간10:30~매진 시 휴무 부정기 전화03-3823-6277

다이야키는 일본식 붕어빵을 일컫는다. 바삭하게 익힌 연한 껍질과 그와 어울리는 달콤한 맛의 팥소가 절묘한 조화를 이룬다. 1957년에 개업한 네즈노 다이야키는 매일 긴 대기줄이 있을 만큼 인기가 있어 실질적으로 낮 시간에 준비한 재료가 다 판매돼 영업이 종료되고 만다. 옛 도쿄의 거리를 여행하는 것만큼 향수 어린 붕어빵을 먹어 보는 것도 야네센 여행의 묘미다.

달걀 넣은 다마고 샌드위치가 인기인 가게

가야바 커피 カヤバ珈琲 [카야바가배]

주소 東京都台東区谷中 6-1-29 위치 JR 닛포리역에서 도보 10분 시간 08:00~23:00(월~토), 08:00~ 18:00(일) 휴무 연말연시 홈페이지 kayaba-coffee.com 전화 03-3823-3545

1916년에 건축된 건물을 2009년 리뉴얼해 카페로 문을 연 곳이다. 이 집의 인기 메뉴는 달걀이 들어간 다마고 샌드위치와 커피며 또한 이 집의 특이한 점은 중요 건축 문화재로 지정된 고풍스러운 외관과 개조 된 내부가 조화를 이룬다는 것이다. 외국인 관광객들 이 자주 찾다보니 영어 가능한 직원이 상주하니 일본 어를 잘 몰라도 상관없다.

전당포가 변신한 아트 뮤지엄

스페이스 오구라야 スペース小倉屋 [스베스 오쿠라야]

주소 東京都台東区谷中 7-6-8 위치 JR 닛포리역에서 도보 10분 시간 10:30~16:30 휴관 월·화·수요일, 연말연시, 2~3월, 7~9월 정리 휴관 홈페이지 www.oguraya.gr.jp 전화 03-3828-0562

1700년대의 전당포 건물과 다이쇼 시대의 창고를 1993년에 재정비해 만든 아트 뮤지엄이다. 스페이 스 오구라야는 오래된 건물과 메이지 문화의 상징성으로, 2000년에 국가 등록 중요 유형 문화재로 지 정돼 있다. 실내에는 메이지 시대의 물 대포식 소화기와 여러 민예품들이 전시되고 있다.

국가 명승지로 지정된 미술관

구립 아사쿠라 조소관 台東区立朝倉彫塑館 [아사쿠라죠소칸]

주소 東京都台東区谷中 7-18-10 위치 JR 닛포리역에서 도보 5분 시간 09:30~16:30 휴무 월·목요일
(공휴일과 겹치는 경우는 다음 날) 요금 500엔(성인), 250엔(중·고등학생) 홈페이지 www. taitocity.net/
zaidan/asakura/ 전화 03-3821-4549

4년에 걸친 보존 수리 공사를 거쳐 2013년 10월 29일에 리뉴얼 오픈했다. 다이토 구립 아사쿠라 조
소관은 메이지 시대부터 쇼와 시대에 이르기까지 일본 조소계를 주도한 아사쿠라 후미오의 아틀리에
겸 주거지였던 건물이다. 아사쿠라 후미오 자신이 스스로 설계한 이 건물은 섬세한 부분까지 공을 들
여 장식돼 있으며, 현재는 미술관으로 공개돼 있다. 건물은 국가 등록 유형 문화재로, 안뜰과 옥상정원
은 구 아사쿠라 후미오 씨 정원으로서 국가 명승지로 지정돼 있다.

도쿄에서 가장 맛있는 애플 파이 가게
마미즈 안 스릴 マミーズ・アン・スリール [마미-즈 안 스리-루]

주소 東京都台東区谷中 3-8-7 위치 치요다선 센다기역 2번 출구에서 도보 1분 시간 10:00~19:00(토·일·
공휴일 09:00~19:00) 휴무 부정기 요금없음 홈페이지 www.mammies.co.jp 전화 03-3822-8166

야나카 긴자의 끝 지점에서 왼편으로 10m쯤 가면 위
치한 수제 애플 파이 가게다. 작고 허름해 보이지만 도
쿄에서 가장 맛있는 애플 파이를 만드는 곳으로 유명
하다. 신슈 지방에서 재배한 사과만을 사용해 달지 않
으면서 맛있는 애플 파이를 만드는 데, 이 파이는 여기
외에서는 쉽게 맛볼 수 없다. 파이 속에 들어 있는 사과
의 양 또한 제법 많아서 놀랄 정도다. 야나카 긴자를 여
행한다면 반드시 들러 봐야 할 곳이다.

에도 시대에 축조된 담
간온지의 쓰이지 담 観音寺の築地塀 [칸논지노 츠키지헤에]

주소 東京都台東区谷中 5-8-28 위치 JR 닛포리역에서 도보10분

에도 시대에 축조된 담으로, 간온지 남쪽에 난 36.7m의 길을 따라 진흙과 기와를 순서대로 쌓아올리
면서 만들었다. 1992년에 다이토 구 길거리상을 수상했다. 옛 도쿄의 시타마치의 풍경을 그대로 보여
주는 곳이다. 주택가 속에 있기 때문에 반드시 사전에 지도를 확인하고 가야 한다.

HOTEL

추천 숙소

즐거운 여행을 위해 숙소는 매우 중요하다. 호스텔, 게스트 하우스 등 저렴한 숙소부터 고급 호텔까지 자신의 여행 스타일에 맞는 숙소 고르는 방법과 다양한 숙소를 알아본다.

여행에 있어 숙소는 가장 중요한 요소 중 하나이다. 어떤 숙소에 묵을 것인가는 본인 혹은 동행자가 숙소에 얼마만큼 의미를 두느냐에 따라 큰 차이가 난다. 도쿄의 숙소는 매우 다양한 만큼 나의 여행 스타일과 예산에 맞는 숙소를 정하는 것이 좋다.

숙소 선택 요령

여행지들이 JR 야마노테선 주변에 있다면 숙박비가 비싼 신주쿠나 시부야 같은 곳보다 우에노나 시나가와, 고탄다 지역의 숙소를 미리 예약하는 것도 괜찮다. 그 외의 지역이 여행지라면 자신이 사용하고자 하는 교통 패스에 맞춰 지역을 선택해야 한다. 다음의 예약 사이트 리스트를 참고해 자신의 여행에 맞는 숙소를 계획해 보자.

숙소 예약 사이트

◎ 한국 내의 숙박 사이트 이용
호텔 패스나 아고다와 같은 사이트를 이용하면 언어에 특별히 어려움 없이 비교적 빠르게 예약할 수 있다. 다만 선택할 수 있는 플랜이 한정돼 있고, 대부분 조식이 포함되지 않는 경우가 많다.

호텔 패스 www.hotelpass.com

아고다 www.agoda.co.kr

부킹 닷컴 www.booking.com

호텔스 닷컴 kr.hotels.com

호텔스 컴바인 www.hotelscombined.co.kr

◎ 일본 국내 예약 사이트 이용
자란넷, 루루부 트래블 등의 일본 국내 예약 사이트를 이용하면 무엇보다 다양한 숙박업소와 숙박 계획을 선택할 수 있다. 언어적 제약이 있을 수 있으나 번역기를 이용하면 필요한 정보를 얻을 수 있다.

자란넷 www.jalan.net

야후 재팬 트래블 www.travel.yahoo.co.jp

라쿠텐 트래블 travel.rakuten.co.kr

◎ 홈페이지에서 직접 예약
도요코 인이나 아파 호텔 같은 체인 형태의 호텔 홈페이지나 게스트 하우스 홈페이지를 자세히 살펴보면 가격이 숙박 대행 사이트보다 더 저렴한 경우가 있다.

◎ 숙박 공유 사이트 이용
최근 도쿄의 숙박비는 상당히 높은 편인데, 에어비앤비와 같은 숙박 공유 사이트를 이용하면 괜찮은 숙소를 저렴한 가격에 이용할 수 있다. 에어비앤비의 숙소들은 여러 명일수록, 여행 기간이 길수록 이득이지만 숙소들이 주요 여행지와 도심에서 제법 떨어진 곳에 위치하는 경우가 많다는 것을 명심해야 한다.

다양한 객실을 갖춘 호스텔

카오산 월드 아사쿠사 료칸 & 호스텔

三カオサンワールド浅草旅館＆ホステル

주소 東京都台東区西浅草 3-15-1 **위치** (도에이 아사쿠사선) 아사쿠사역에서 도보 12분 **요금** 6,000엔(도미토리 1박) 홈페이지 www.khaosan-tokyo.com **전화** 03-3843-0153(일본어와 영어로 소통 가능)

심플한 객실부터 '가구라神楽'를 이미지로 한 화려한 일본식 룸, 대중적인 서양식 룸에 세련된 기숙사 룸 등 다양한 디자인의 객실을 갖추고 있다. 아사쿠사역에서 도보 1분, 센소지까지 걸어서 금방 갈 수 있는 장소에 위치해 있다. 리무진 버스를 이용하면 하네다 공항이나 나리타 공항까지 가는 길도 편리하다.

19세기 유럽을 모티브로 한 호텔

호텔 이스트 21 도쿄 ホテルイースト21東京

주소 東京都江東区東陽 6-3-3 **위치** 도쿄 메트로 도자이선 도요초역 1번 출구에서 도보 7분 **전화** 03-5683-5683 **홈페이지** www.hotel-east21.co.jp/kr

19세기 유럽을 모티브로 한 호텔로, 도쿄의 유명 호텔인 오쿠라 호텔 & 리조트의 체인 호텔이다. 하계 시즌에 운영하는 수영장은 도쿄 시내에서 가장 넓다. 하네다 공항과 호텔 사이에 리무진 버스를 운행하고 있으며 호텔 숙박자에 한해 도쿄 디즈니랜드로 무료 셔틀버스를 제공하고 있다.(사전 예약제)

도쿄의 옛 골목을 테마로 한 호텔

원 앳 도쿄 ONE@Tokyo

주소 東京都墨田区押上 1-19-3 **위치** 게이세이선, 도에이 아사쿠사선, 도쿄 메트로 한조몬선, 도부선 오시아게역 B3 출구에서 도보 3분 **전화** 03-5630-1193 **팩스** 03-5630-1183 **홈페이지** www.onetokyo.com

일본의 유명 건축가 쿠마 켄고가 설계한 호텔로, 도쿄의 옛 거리인 시타마치의 골목을 테마로 한 호텔이다. 도쿄 스카이트리에서 3분 거리에 있는 미래형 건물로 호평이 높은 호텔이다.

책과 함께 잠들 수 있는 숙소
북 앤드 베드 도쿄 BOOK AND BED TOKYO

주소 東京都豊島区西池袋 1-17-7ルミエールビル7階 **위치** (JR선) 이케부쿠로역에서 도보 1분 **요금** 4,500엔 (스탠더드 1박) **홈페이지** bookandbedtokyo.com

'책을 읽다가 어느새 잠들어 버렸다'를 콘셉트로 큰 책장 안에 침대가 들어 있는 독특한 호스텔이다. 소설, 여행책, 사진집, 양서 등 다양한 장르의 책이 꽂혀 있는 책장 사이에서 잠드는 투숙객은 잔잔한 행복을 느낄 수 있다. 낮 시간에는 투숙객이 아닌 방문객들도 라운지 공간을 이용할 수 있다. 책 대출이나 구입은 불가하다.

도쿄 스카이트리를 볼 수 있는 호텔
아사쿠사 뷰 호텔 浅草ビューホテル

주소 東京都台東区西浅草 3-17-1 **위치** 도쿄 메트로 긴자선 다와라마치역에서 도보로 7분 **전화** 03-3547-1111 **홈페이지** www.viewhotels.jp/asakusa/ko

아사쿠사에 있는 고층 호텔로, 일부 객실에서는 도쿄 스카이트리를 조망할 수 있고, 아사쿠사 거리와 스미다강까지 볼 수 있다. 다양한 조식을 맛볼 수 있고 평도 좋은 곳이다.

호캉스를 위한 최적의 호텔
호텔 히소카 이케부쿠로 ホテル ヒソカ 池袋

주소 東京都豊島区西池袋 1-10-4 **위치** JR 이케부쿠로역 서쪽 출구에서 도보 2분 **전화** 03-6692-8181 **홈페이지** hotelhisoca.com

2022년 3월에 오픈한 히소카 호텔은 모든 객실에 대형 욕조와 스파를 갖추고 있다. '나답게 마음 편하게 지낼 수 있는 장소'라는 콘셉트로 호캉스를 위한 최적의 시설을 갖추었으며, 일상에서 벗어나 프라이빗 공간에서 여자들의 모임을 즐길 수 있다.

벽면에 예술 작품이 그려진 객실
아트 호텔 시부야 ART HOTELS SHIBUYA

주소 東京都渋谷区本町 2-4-4 **위치** 게이오선 하쓰다이역에서 도보 7분 **전화** 03-6823-2413 **홈페이지** art hotels.style

2022년 7월에 오픈한 시부야의 부티크 호텔로, 15개의 객실 벽면에 예술 작품들이 그려져 있는 것이 이 호텔만의 특징이다. 1층에는 베이커리, 2층은 주스 가게가 입점해 있다.

명품 거리 긴자에 위치한 가성비 호텔
더 로얄파크 캔버스 긴자 코리도
ザ ロイヤルパーク キャンバス 銀座コリドー

주소 東京都中央区銀座 6-2-11 **위치** 도쿄 메트로 긴자선 긴자역 C-1, C-2 출구에서 도보 5분 **전화** 03-3573-1121 **홈페이지** www.royalparkhotels.co.jp/canvas/ginzacorridor

2022년 11월에 오픈한 호텔로 명품 거리 긴자에 위치하고 있다. 긴자에 위치한 호텔치고는 가격도 그리 높지 않은 데다 객실도 비교적 넓은 편이다.

가족 같은 분위기의 게스트 하우스
도쿄 히카리 게스트 하우스 東京ひかりゲストハウス

주소 東京都台東区蔵前 2-1-29 **위치** (도에이 아사쿠사선) 구라마에역 A0, A1 출구에서 도보 1분 **요금** 3,200엔(혼성 도미토리 1박) **홈페이지** tokyohikari-gh.jimdo.com **전화** 03-5829-4694

목수가 살았던 집을 개조해 만든 가족 같은 분위기의 게스트 하우스다. 내부는 목조로 구성돼 있고 맑은 날에는 스카이트리가 바로 보인다. 게스트 하우스에서 북쪽으로 15분 정도 걸어가면 아사쿠사 가미나리몬을 볼 수 있다.

도 쿄

TOKYO

부 록

일본어 여행 회화

기본 표현

안녕하세요. (아침 인사)	おはよう ございます。	오하요-고자이마스
안녕하세요. (점심 인사)	こんにちは。	콘니찌와
안녕하세요. (저녁 인사)	こんばんは。	콤방와
감사합니다.	ありがとう ございます。	아리가또-고자이마스
미안합니다.	すみません。	스미마센
괜찮아요.	だいじょうぶです。	다이조-부데스
부탁합니다.	おねがいします。	오네가이시마스
네.	はい。	하이
아니요.	いいえ。	이-에
좋아요.	いいです。	이-데스
싫어요.	いやです。	이야데스
뭐예요?	なんですか。	난데스까
어디예요?	どこですか。	도꼬데스까
얼마예요?	いくらですか。	이꾸라데스까
잘 모르겠어요.	よく わかりません。	요꾸 와까리마센
일본어를 못해요.	にほんごが できません。	니홍고가 데끼마센

영어로 부탁합니다.	えいごで おねがいします。 에-고데 오네가이시마스
천천히 말씀해 주세요.	ゆっくり はなして ください。 윳꾸리 하나시떼 쿠다사이
다시 한번 말씀해 주세요.	もう いちど おねがいします。 모- 이찌도 오네가이시마스
써 주세요.	かいて ください。 카이떼 쿠다사이
저는 한국 사람입니다.	わたしは かんこくじんです。 와따시와 캉꼬꾸진데스

숫자

1	2	3	4	5	6	7	8	9	10
いち	に	さん	し	ご	ろく	しち	はち	きゅう	じゅう
이치	니	산	시	고	로쿠	시치	하치	큐-	주

돈

1엔	いちえん 치엔	5엔	ごえん 고엔
10엔	じゅうえん 주-엔	50엔	ごじゅうえん 고주-엔
100엔	ひゃくえん 햐쿠엔	500엔	ごひゃくえん 고햐쿠엔
1000엔	せんえん 센엔	5000엔	ごせんえん 고센엔
10000엔	いちまんえん 이치만엔		

비행기 안에서

| 제 자리가 어디죠? | わたしの せきは どこですか。 와따시노 세끼와 도꼬데스까 |

| 이쪽입니다. | こちらです。 고찌라데스 |

• 이쪽 こちら 고찌라   • 저쪽 あちら 아찌라   • 그쪽 そちら 소찌라

| 실례합니다. | しつれいします。 시쯔레-시마스 |

284

저기요.	すみません。 스미마셍
담요 주세요.	もうふ ください。 모-후 쿠다사이
커피 주세요.	コーヒー ください。 코-히- 쿠다사이

• 냉수 おみず 오미즈 • 주스 ジュース 쥬-스 • 맥주 ビール 비-루

화장실은 어디인가요?	トイレは どこですか。 토이레와 도꼬데스까
아니요. 얼마 후에 도착합니까?	あと どれぐらいでつきますか。 아또 도레구라이데 쯔끼마스까
좋아요.	いいです。 이-데스

입국 심사

외국인은 어느 쪽에 서나요?	がいこくじんは どちらですか。 가이꼬꾸진와 도찌라데스까
방문 목적이 무엇입니까?	にゅうこくの もくてきは なんですか。 뉴-꼬꾸노 모꾸떼끼와 난데스까
관광입니다.	かんこうです。 칸꼬-데스
공부하러 왔습니다.	りゅうがくです。 류-가꾸데스
어느 정도 체류합니까?	どのくらい たいざいしますか。 도노쿠라이 타이자이시마스까
일주일입니다.	いっしゅうかんです。 잇슈-칸데스

• 일주일 いっしゅうかん 잇슈-칸 • 이틀 ふつか 후쯔까
• 3일 みっか 밋까 • 4일 よっか 욧까

어디에서 머물 예정입니까?	どこに たいざいしますか。 도꼬니 타이자이시마스까
프린스 호텔입니다.	プリンスホテルです。 푸린스 호테루데스

수화물 찾기

짐은 어디에서 찾나요? にもつが どこて きません。 니모쯔가 도꼬떼 키마센

짐이 나오지 않았어요. にもつが でてこなかったんです。
니모쯔가 데테코나캇탄데스

제 짐은 두 개 입니다. わたしの にもつは ふたつです。
와따시노 니모쯔와 후따쯔데스

• 한 개 ひとつ 히또쯔   • 두 개 ふたつ 후따쯔   • 세 개 みっつ 밋쯔

짐이 없어졌어요. にもつが なくなりました。 니모쯔가 나쿠나리마시타

세관 검사

신고할 물건 없습니까? しんこくする ものは ありませんか。
신꼬꾸스루 모노와 아리마셍까

없습니다. ありません。 아리마셍

**가방 안에 무엇이
들어 있습니까?** かばんの なかに なにが はいって いますか。
카방노 나까니 나니가 하잇떼 이마스까

가방을 열어 주세요. かばんを あけて ください。 카방오 아케떼 쿠다사이

이것은 무엇입니까? これは なんですか。 코레와 난데스까

**이건 제가 사용하고 있는
물건입니다.** これは わたしが つかっている ものです。
코레와 와따시가 쯔깟떼이루 모노데스

**이것은 가지고
들어갈 수 없습니다.** これは もちこむ ことが できません。
코레와 모찌코무 코또가 데끼마셍

공항에서

버스 승강장은 어디인가요? バスの りばは どこですか。 바스노리바와 도꼬데스까

어디로 가야 하나요?	どこに いきますか。 도꼬니 이키마스까
지도를 받을 수 있나요?	ちずを もらえますか。 치즈오 모라에마스까
어디서 환전해요?	どこで りょうがえ できますか。 도꼬데 료-가에 데끼마스까

교통

여기는 이 지도에서 어느 쪽이에요?	ここは、このちずで、どのへんですか。 코꼬와 코노치즈데 도노헨데스까
표는 어디에서 삽니까?	きっぷは どこで かいますか。 킵뿌와 도꼬데 카이마스까
요금은 얼마입니까?	りょうきんは いくらですか。 료-킹와 이꾸라데스까
전철은 어디서 탑니까?	でんしゃは どこで のりますか。 덴샤와 도꼬데 노리마스까
몇 시에 출발합니까?	なんじ しゅっぱつですか。 난지 슛빠쯔데스까
신주쿠행입니까?	しんじゅくゆきですか。 신쥬꾸 유끼데스까
이거 시나가와에 가나요?	これ、しながわに いきますか。 코레 시나가와니 이키마스까
신주쿠까지 얼마나 걸립니까?	しんじゅくまで どのくらい かかりますか。 신쥬꾸마데 도노쿠라이 카까리마스까
하라주쿠에 가고 싶은데요.	はらじゅくに いきたいですが。 하라쥬꾸니 이키따이데스가
어디서 갈아탑니까?	どこで のりかえますか。 도꼬데 노리카에마스까
걸어서 갈 수 있습니까?	あるいて いけますか。 아루이떼 이케마스까
열차를 잘못 탔어요.	のりまちがえて しまいました。 노리마찌가에떼 시마이마시타
표를 잃어버렸어요.	きっぷを なくして しまいました。 킵뿌오 나쿠시떼 시마이마시타

호텔에서

체크인 부탁드립니다.	チェックイン おねがいします。 첵꾸인 오네가이시마스
예약했는데요.	よやくしたんですが。요야꾸시딴데스가
방에 열쇠를 두고 나왔어요.	へやに かぎを おきわすれました。 헤야니 카기오 오키와스레마시타
415호실입니다.	415ごうしつです。욘이치고 고-시쯔데스
체크아웃은 몇 시까지 입니까?	チェックアウトは なんじまでですか。 첵꾸아우또와 난지마데데스까
와이파이 되나요?	Wi-Fi できますか。 와이화이 데끼마스까
비밀번호 알려주세요.	パスワードを おしえて ください。 파스와-도오 오시에떼 쿠다사이
편의점은 어디에 있나요?	コンビには どこに ありますか。 콤비니와 도꼬니 아리마스까
하루 더 머물고 싶은데요.	もう いっぱく したいですが。 모- 잇빠꾸 시따이데스가

쇼핑

저것 좀 보여 주세요.	あれ、みせて ください。아레 미세떼 쿠다사이
옷을 입어 봐도 될까요?	きて みても いいですか。키떼 미떼모 이-데스까
커요.	おおきいです。오-키-데스
작아요.	ちいさいです。치-사이데스
얼마입니까?	いくらですか。이꾸라데스까
비싸요.	たかいです。타까이데스

싸게 해 주세요.	やすく して ください。 야스꾸 시떼 쿠다사이
좀 더 둘러보고 올게요	ほうそうして ください。 호-소-시떼 쿠다사이
영수증 주세요.	レシート ください。 레시-또 쿠다사이

음식

여기요.	すみません。 스미마셍
주문 받아 주세요.	ちゅうもん おねがいします。 츄-몬 오네가이시마스
추천 요리는 무엇입니까?	おすすめ りょうりは なんですか。 오스스메 료- 리와 난데스까
잘 먹겠습니다.	いただきます。 이따다키마스
잘 먹었습니다.	ごちそうさまでした。 고찌소-사마데시타
맛있어요.	おいしいです。 오이시-데스
맛이 이상합니다.	あじが おかしいです。 아지가 오까시-데스
메뉴판을 다시 보여 주세요.	メニューを もういちど みせて ください。 메뉴오 모- 이찌도 미세떼 쿠다사이
생맥주 500CC 두 잔.	なまビール 中ジョッキで 2はい。 나마비-루 츄-좃끼데 니하이
한 잔 더 주세요.	もう いっぱい おねがいします。 모- 잇빠이 오네가이시마스
물 좀 주세요.	みず ください。 미즈 쿠다사이
개인용 접시 하나 주세요.	とりざら ひとつ ください。 도리자라 히또쯔 쿠다사이
담배를 피워도 됩니까?	たばこを すっても いいですか。 다바코오 슷떼모 이-데스까

어린이 의자를 준비해 주세요.	こどもようの いすを じゅんびして ください。 코도모요-노 이스오 쥰비시떼 쿠다사이
계산해 주세요.	おかんじょう おねがいします。 오칸죠- 오네가이시마스
계산이 잘못된 것 같아요.	けいさんが まちがってる みたいですが。 케-산가 마찌갓떼루 미따이데스가
이 금액은 뭐예요?	この きんがくは なんですか。 코노 킨가꾸와 난데스까

관광(기타 표현)

사진을 좀 찍어 주시겠어요?	しゃしんを とって くれますか。 샤신오 톳떼 쿠레마스까
여기서 사진을 찍어도 돼요?	ここで しゃしんを とっても いいですか。 코꼬데 샤신오 톳떼모 이-데스까
같이 사진 찍어도 돼요?	いっしょに とっても いいですか。 잇쇼니 톳떼모 이-데스까
얼마나 기다려야 해요?	どれぐらい まちますか。 도레구라이 마찌마스까
몇 시부터 문을 열어요?	なんじから オープンですか。 난지까라 오-푼데스까
몇 시에 문을 닫아요?	なんじに おわりますか。 난지니 오와리마스까
출구는 어디예요?	でぐちは どこですか。 데구찌와 도꼬데스까
여기는 출입 금지예요.	ここは たちいりきんしです。 코꼬와 다찌이리킨시데스
손대지 마세요.	てを ふれないで ください。 테오 후레나이데 쿠다사이
너무 재밌었어요.	とても おもしろかったです。 토떼모 오모시로깟따데스

식당

카페

숙소